好吃不贵的家常菜

健康美食编辑组 编著

四川出版集团·四川科学技术出版社

·成都·

 "只选对的" "不买贵的"，

厨房小技巧，当家大智慧

俗话说，民以食为天。吃，历来都是老百姓的头等大事。可如今，面对不断上涨的物价，家庭"煮"妇（夫）们绞尽脑汁，只为追求"吃得实惠，又要营养美味"的最高境界！

怎样才省钱？当然不是勒紧钱袋不花钱，也不是为了一角钱与商贩争得面红耳赤。真正精明的"煮"妇（夫）们应该知道——一桌子大鱼大肉让人吃了不仅腻得难受，而且还会造成体内脂肪堆积，给身体造成负担；一日三餐只吃素菜，很难获得均衡的营养，自然谈不上健康；菠菜豆腐汤表面上实惠又营养，吃了却会导致身体缺钙……应季蔬菜不仅新鲜、农药含量少，而且价格实惠；补充蛋白质，豆腐和鸡蛋都是健康与实惠的最佳选择；卷心菜、生菜只需要用沸水烫熟便可食用，既省油又无烟，营养流失也很少；日常餐桌上，植物性食物与动物性食物比例应该保持在 7：1……懂得这些，你才能在饮食生活中成为真正的"妙管家"！

《好吃不贵的家常菜》正是一本告诉你"只选对的，不买贵的，省钱、省油、省电、省燃气，用最简单的食材做出最健康、最营养美食"的厨房宝典。本书收录了 550 余道家常菜品，选用的食材从五块到十块，最多不超过十五块钱就能搞定。煎炸蒸煮炒焖烩，各式烹煮方式轮番上阵，教您做出天天不重样、色香味俱全的营养美食。本书还倾情奉献了众多炒菜做饭的省钱小秘诀和营养搭配小技巧，让您轻松成为居家省钱高手＋饮食健康好管家！

The Strategies for Cooking the Delicious Home Dishes
美食攻略铁三角：好吃、营养加实惠

一、省钱妙招 How to Cut Expenses of Cooking

二、营养健康巧搭配 The Techniques of Nutrition Arrangement

To Cook Cuisines when Pinching Pennies
精打细算，家常好味道

一至五元美食

PART 1

第一章

"好吃不贵"、
"营养实惠"，

美食攻略铁三角：
好吃、营养加实惠

The Strategies for Cooking the Delicious Home Dishes

俗语有云：早起开门七件事，柴米油盐酱醋茶。在这个时常"涨"声响起的时代，怎样省钱便成了我们日常生活的一大难题，单为这厨房里的七件事，便能让人绞尽脑汁。如何让家人享受到好吃、营养又实惠的美食？让你意想不到的省钱妙招与科学的营养搭配，为你精打细算，好吃不贵，就是这么简单！

一、省钱妙招
How to Cut Expenses of Cooking

1 挑选营养全面又实惠的食材

　　蔬菜和肉荤类食物不仅好吃，更是我们人体补给生命、吸收营养、**维持健康**的重要来源。蔬菜能为人体提供维生素、无机盐、矿物质，是低糖、低脂的食物；肉荤类食物则富含**脂肪**、**蛋白质**，是人体所需热量的主要来源，但胆固醇含量较高，吸入人体后的消化率较低，每天摄入量不宜过多。荤菜和素菜的最佳比例在**1∶3至1∶4**之间。

　　一般而言，蔬菜的价格总体上都会远远低于肉荤的价格。尤其是应季蔬菜，是营养丰富、价格实惠的食材首选。而在肉荤类食材中，淡水鱼的价格又相对低于海鲜、猪肉、牛肉、鸡肉等肉类食材，且营养价值也相对较高。另外，豆制品和鸡蛋都是富含蛋白质且价格相当实惠的食材，是我们烹制**"好吃不贵"**菜肴的最佳选择。

2 科学处理食材，减少烹饪时间

　　一般而言，食材加工、烹饪的时间越短，营养的损失就会越少。但有的食材会因质地较硬或含有特殊物质的关系，需要长时间烹饪，这样不仅会导致食材营养的大量流失，也增加了燃料的消耗。因此，科学地处理食材就成了省钱的一个秘诀。

　　许多蔬菜类的食材只需用适量沸水汆烫一下便可食用，不必加油烹煮，不仅口感鲜美，而且营养价值极高，如卷心菜、紫甘蓝、生菜；有的蔬菜质地较硬，汆烫后能缩短烹煮时间，如花菜、西兰花、百合；鸡肉、牛肉、羊肉等肉质食材汆烫后，不仅方便烹饪，还能**除去血水、腥味，口感更佳**。

　　有的肉质食材可在烹饪前用盐、酱油、淀粉等调味料腌制一段时间，这样更易入味，不必因未入味而在锅中久煮，如猪肉、牛肉、羊肉、鱼肉、鸡肉、鸭肉等。

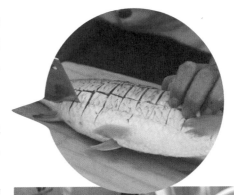

　　有的食材肥瘦不均，在其肥厚处剞上花刀，便能减少烹饪时间，如蒸鱼时即可在鱼腹上打上"一字花刀"或"十字花刀"，能让鱼肉**更易熟软，更易入味**。

　　有的食材在烹饪后，还可利用盛器或火候的余热来将食物烹熟，如煲仔菜、煲仔饭便可利用煲仔的余热来　熟煲中的食物，蒸菜可利用虚蒸的方法将菜肴多在蒸锅中蒸制片刻，以便熟软。

3 低油少盐，健康省钱的烹饪方法

中国营养学会推荐的每人日均油脂摄入量为 25 克，盐的日摄入量则应控制在 6 克左右，而近年的全国营养状况调查显示，我国平均每人日均食用油摄入量达 44 克，盐的日均摄入量达 12 克以上，远超合理摄入量。下面就为大家支几招，掌握低油、少盐小诀窍，健康、美味又省钱：

▶多采取不用油或少用油的烹调方法，比如蒸、煮、炖等。

▶使用小工具控制用量，比如控油壶、定量盐勺等。

▶用平底锅代替传统圆底炒锅。圆底炒锅的锅体受热不均，极易产生焦糊粘锅的现象，因此往往需要大量的油"润锅"。平底锅受热均匀，油入锅稍转一下，就可以铺满整个锅，更好控制用油量。

▶尽量在菜肴出锅前放盐，这样能减少食物对盐分的吸收，尽量将更多的盐分留在汤汁中，咸味更足。

▶如果担心少量的盐不易拌匀，可以往盐里兑少量水，以盐水洒入锅中。

▶巧用调味品。在菜出锅前滴几滴醋。醋能促使钠盐停留在食物表面，且酸味可以**强化咸味**，减少盐量的同时，不减菜肴美味。

二、营养健康巧搭配
The Techniques of Nutrition Arrangement

 荤素搭配

荤素搭配能烹制出品种繁多、口感丰富的菜肴，不仅能保证营养的丰富，又能增强食欲。

猪肝、菠菜都具补血之功，荤素搭配食用，对治疗贫血有极好的效果。

豆腐富含钙质，若单吃，其吸收率较低，**鱼肉**富含维生素 D，两者同吃，则能大大提高钙质的吸收。

鸡肉能补脾造血，**板栗**可保健脾胃，两者同煮，有利于体内造血机能的增强。

羊肉有补阳、取暖之功，**生姜**具驱寒、保暖之效，二者搭配食用，可治疗寒性腹痛。

百合有清痰火、补肾气、增气血的功效，鸡蛋可补阴血，两者同煮，能养阴润燥、清心安神，具有独特的保健效能。

另外，动物油有着不可替代的特殊香味，能增进食欲，但是它含有较多的饱和脂肪酸和胆固醇，过多食用易引起动脉硬化、冠心病、高脂血症等疾病，对人体不利，因此在日常烹饪时最好以食用油为主、动物油为辅，以**保证营养**的全面供给。

▽ 2 色彩搭配

食物根据颜色来分，有五种，即白、红、绿、黑和黄色食物。

白色食物能活化身体机能，滋阴润燥，如牛奶、鱼肉、豆腐、山药、白萝卜、百合等。

红色食物富含天然铁质，补血、美容效果佳，如红枣、番茄、猪肉、牛肉、羊肉等。

黑色食物富含微量元素，能有效抗氧化、降血脂、抗肿瘤，如黑米、黑芝麻、黑木耳等。

在我们日常的饮食中应尽量兼顾到上述5种颜色的食物搭配，以保证人体能吸收到全面而均衡的营养。

绿色食物即绿叶蔬菜和瓜果，含有大量维生素和纤维素，如菠菜、空心菜等。

黄色食物富含胡萝卜素，防辐射、抗氧化的功效显著，如玉米、黄豆、柑橘、香蕉等。

3 主副搭配

主食是指以含碳水化合物为主的五谷杂粮，即米饭、面食等。主食能够为人体提供主要的热能及蛋白质，是我们每天必需的食物。副食则是指用以辅助主食的鸡、鸭、鱼、肉、蔬菜等食物，它们可以补充人体所需的优质蛋白质、无机盐和维生素，还能促进人体对主食的食欲。另外，主副食搭配时，也需兼顾食物的粗细搭配。粗糙的五谷杂粮搭配精细食物，能更好地促进人体对主食的吸收，使营养更全面、更均衡。

4 营养搭配

对于人体而言，在饮食中容易吸收过量的脂肪、碳水化合物和钠，容易缺乏的是蛋白质、维生素、部分无机盐、水和膳食纤维素。因此，我们在调节饮食时，需注意食物中这些营养元素的构成和含量，少吃机体中营养过剩的食物，多补给机体中缺乏的营养物质。如：高蛋白、低脂肪的食物有鱼虾类、兔肉、蚕蛹、莲子等；富含维生素、无机盐、膳食纤维素的食物有蔬菜、水果和粗粮等。

5 季节搭配

根据"因时制宜"的原则，不同季节应选用不同性味的食物。

春季饮食是早春应多吃高热量、高蛋白的食物以祛散阴寒，仲春应多吃富含多种维生素和矿物质的食物以滋补脾胃，晚春应多饮用清热利咽的汤类食物防邪热、化火。

夏季饮食应以清淡、素食为主，多摄取蛋白质，少食冷饮，适当增加盐分和酸味食品，以提高食欲，补充因大量出汗而丢失的盐分。

秋季饮食要以"滋阴润肺"为原则，多吃新鲜的蔬菜、水果和酸性食品，适当增加饮水量，多喝缓解燥热的粥、汤。

冬季饮食应注意避寒就温，敛阳护阴，多食用温热性食物，如羊肉、鹿肉、牛鞭、生姜等，增强机体御寒能力，尽量少吃寒凉性食物。

6 搭配宜忌

根据中医食疗原理，两种或两种以上的食物，如果搭配合理，则能相辅相成、营养互补；若搭配不当，则会效果大打折扣，甚至对人体不利。例如，胡萝卜不宜与番茄、辣椒、石榴、莴苣、木瓜等同食，最好单独吃或与肉类烹制；黄瓜中的分解酶会破坏维生素 C，因此不宜与含维生素 C 含量高的蔬菜同煮，如番茄、辣椒等；茄子与螃蟹同食易伤肠胃；韭菜不宜与菠菜同食，否则易引起腹泻；猪肝忌与黄豆、豆腐、鱼肉、雀肉、山鸡、鹌鹑肉同食；羊肉忌与豆腐、荞麦面、乳酪、南瓜、赤豆、梅干菜同食。

PART 2
第二章

"有荤有素"，
"花样翻新"

精打细算，
家常好味道

To Cook Cuisines when Pinching Pennies

钱攻略"下，花五元钱就能炒出一盘色香味俱全的好菜；花十元钱就能有荤有素，花样翻新；十五元
族"吃得心满意足。用实惠的食材和精巧的构思，让你的厨房不再单调，为家人呈上一桌营养美味

凉拌大白菜

原材料 大白菜 400 克，熟花生米 50 克，胡萝卜少许，香菜少许

调味料 盐 10 克，味精 2 克，香油 5 毫升，干辣椒 10 克

制作方法

◎将大白菜洗净，择去老叶和烂叶，切成丝，用 5 克盐拌均匀，腌 5 分钟，再挤干水分；胡萝卜洗净，切成丝；干辣椒和香菜洗净，切段备用。

◎将准备好的熟花生米、胡萝卜丝、干辣椒和香菜拌入白菜丝，淋上由盐、味精、香油兑成的盐味汁拌匀即可。

酸辣卷心菜

原材料 卷心菜 200 克，红椒 1 个

调味料 泡菜水 200 毫升

红油汁 味精 5 克，白糖 3 克，红辣椒油 2 毫升，高汤少许

制作方法

◎将卷心菜洗净，晾干水分，入泡菜水中密封浸泡 2 天。

◎取腌好的卷心菜切片，装入盛器中；红椒洗净，切段。

◎将红油汁淋入卷心菜中拌匀，装盘，撒上红椒块即可。

蒜蓉荷兰豆

原材料 荷兰豆 300 克，红椒 1 个

蒜泥汁 盐 5 克，味精 3 克，香油、高汤各少许，蒜末 50 克

制作方法

◎将荷兰豆择去老筋，洗净；红椒洗净，切圈。

◎净锅上火，注入适量清水，烧沸，下荷兰豆焯烫至熟，捞出晾凉，沥干水分。

◎将荷兰豆装入盛器中，淋入蒜泥汁，加红椒圈一起拌匀，装入盘中即可。

花生米拌菠菜

原材料 花生仁 50 克，菠菜 300 克，香菜 20 克，熟白芝麻少许，红椒 1 个

调味料 盐 5 克，味精 3 克，白糖 2 克，花椒油、食用油、酱油各适量

制作方法

◎将拣好的花生仁装入漏勺中，放入沸水中汆烫 2 分钟，取出沥干；红椒洗净切块，放入沸水锅中，汆烫片刻，捞出备用。

◎炒锅上中火，注入食用油，烧至七成热，放入花生仁，待炸酥后捞出，冷却控油。

◎菠菜洗净，切段，放入沸水中汆烫至熟，捞出，沥水备用。

◎将香菜择叶洗净，再用冷盐开水清洗沥干，切成小段，放入盘内，加入沥水后的菠菜，撒入红椒块，调入酱油、白糖、味精、花椒油拌匀，最后撒上花生仁和熟白芝麻，略拌即可。

川味紫甘蓝

原材料 紫甘蓝 300 克，水发木耳 20 克

调味料 豆豉 10 克，香油 2 毫升

麻辣汁 盐 5 克，味精 2 克，辣椒油 5 毫升，花椒油 5 毫升，香葱 2 克，蒜末 2 克，姜丝 2 克，生抽 2 毫升，陈醋 2 毫升，白糖 2 克，高汤少许

制作方法

◎将紫甘蓝撕成片，洗净；水发木耳浸泡至软，洗净，撕成块。

◎净锅上火，注入适量清水，加少许盐烧沸，分别下入紫甘蓝、木耳焯透，捞出后用清水冲凉待用。

◎将紫甘蓝、木耳倒入盛器中，调入麻辣汁，加豆豉、香油一起拌匀即成。

醋姜菠菜

原材料 菠菜 300 克

调味料 盐、味精各适量

醋姜汁 姜末 5 克，白醋 5 毫升，高汤少许

|制|作|方|法|

◎将菠菜择洗干净，放入沸水锅中汆烫熟后，立即盛出，浸入凉开水中过凉，捞出沥干水分，备用。
◎将沥干水分的菠菜装入盘中。
◎将醋姜汁加盐、味精拌匀后浇在菠菜上，拌匀即成。

手撕蒜薹

原材料 蒜薹 200 克

调味料 食用油、鸡精、盐、酱油、醋、美极鲜味汁、香油各适量，蒜末少许

|制|作|方|法|

◎将蒜薹掐头去尾，洗净备用。
◎净锅上火，注入适量清水，烧沸后调入少量食用油、盐，放入蒜薹汆烫片刻，捞出沥干水分。
◎将蒜薹每根一撕为二，放入碗内，再依次加入盐、鸡精、食用油，拌匀略腌片刻，加入美极鲜味汁、香油、蒜末、酱油、醋，拌匀即可。

姜汁长豆角

原材料 长豆角 400 克，红椒丝少许

调味料 香油少许，姜末 5 克，蒜末 10 克

姜味汁 姜汁 50 毫升，盐 8 克，味精 3 克，食用油适量

|制|作|方|法|

◎将长豆角洗净，择成 5 厘米长的段，放入沸水锅中汆烫至熟后捞出，沥干水分，晾凉备用。
◎将姜味汁与姜末、蒜末、香油混合，调匀后淋入长豆角中，混合拌匀，撒上红椒丝即可。

菠菜拌粉条

原材料 菠菜 300 克，粉条 100 克，胡萝卜丝少许

调味料 盐 5 克，蒜 10 克

酱醋汁 酱油 5 毫升，香醋 5 毫升，香油 3 毫升，味精 2 克，高汤少许

|制|作|方|法|

◎将菠菜择去黄叶，切去根，清水洗净，放入开水锅中烫一下，捞出放入凉水中过凉，挤去水渍，切成长段。
◎将粉条用开水泡胀发透，放入凉水中过凉，切成 15 厘米长段放盘内，蒜拍成末待用。
◎将菠菜码在盘中，粉丝和胡萝卜丝放在菠菜上，撒上盐、蒜末，略腌渍片刻，食用时将酱醋汁浇在粉丝上，充分拌匀即成。

跳水花生

原材料 嫩花生 300 克，香菜少许

调味料 泡椒水适量，花椒少许，野山椒、泡红尖椒各少许

|制|作|方|法|

◎将嫩花生洗净，剥去外壳，取花生仁，备用。
◎将嫩花生仁放入泡菜坛中，倒入泡椒水，再撒上泡野山椒、泡红尖椒、花椒、香菜，封盖泡至花生仁入味即可。

一至五元美食

黄瓜蟹籽

原材料 黄瓜1根，蟹籽50克

调味料 天妇罗蘸汁适量

|制|作|方|法|

◎将黄瓜洗净，切成块，盛入盘中，

◎将备好的蟹籽放在黄瓜上，淋上天妇罗蘸汁即可。

食在实惠：天妇罗蘸汁是用味醂、白糖、酱油调和而成的。蟹籽是调味的良方，但略带些腥味，只要预先在干净的锅中慢火炒过，或用姜片、葱条与滚水再滴几滴绍兴花雕酒，将蟹籽加入，隔水蒸5分钟左右，就能将腥味全部去除。

拍黄瓜

原材料 黄瓜300克

调味料 香油、盐、味精、香醋、食用油各适量，葱末、干红辣椒各少许，蒜末适量

|制|作|方|法|

◎将黄瓜洗净，放在案板上，用刀拍破，顺长切成两半，然后采用抹刀法切成小抹刀块；干红辣椒洗净，焙干后切成段。

◎将黄瓜放入大碗内，拌入盐、蒜末、味精、香油，腌渍片刻。

◎净锅上火，注入食用油，烧热后放入干红辣椒段，爆炒出香，淋在黄瓜上，滴入少许香醋拌匀，撒上葱末即可。

蒜泥冬瓜

原材料 冬瓜500克

调味料 酱油、盐、香醋各少许

蒜泥汁 盐5克，蒜末5克，味精2克，香油5毫升，高汤少许

|制|作|方|法|

◎将冬瓜去皮、瓤，洗净，切成块，放入沸水锅中焯烫至熟，捞出用凉水过凉，沥水后用少许盐腌渍5分钟。

◎滗出冬瓜腌出的水分，加入蒜泥汁，滴入少许酱油、香醋，拌匀即可。

香菜醉花生

原材料 小粒花生200克，香菜少许

调味料 镇江香醋80毫升，白糖60克，食用油适量，盐适量

|制|作|方|法|

◎锅中放食用油，油热后调小火，放入小粒花生炸至金黄时捞出，沥干油待凉。

◎将白糖、镇江香醋、盐调匀成汁，浇在花生上，撒上香菜即可。

糖醋辣黄瓜条

原材料 嫩黄瓜300克，红尖椒1个

调味料 盐、香醋各适量，干红辣椒10克，姜20克

糖醋汁 白糖10克，香醋10毫升

|制|作|方|法|

◎将嫩黄瓜洗净，切成长条块，加盐腌渍约5分钟，用清水洗去表面的盐分，挤出水分，装入碗中；姜洗净，去皮，切成丝；红尖椒洗净，切成丝，与姜丝一起撒在黄瓜块上；干红辣椒切碎，备用。

◎将糖醋汁充分搅拌，至白糖溶化，浇在黄瓜上。

◎净锅上火，注入适量香油，烧至五成热，加入干红辣椒碎，以慢火炸出香味后，熄火盛出，浇在黄瓜条上即成。

凉拌苦瓜

原材料 苦瓜 200 克，红椒 1 个

调味料 盐 5 克，鸡精 3 克，香油 10 毫升

|制|作|方|法|

◎将苦瓜洗净，切片，放入沸水锅中汆烫至熟后捞出，沥水晾凉。

◎红椒洗净，去籽，切成菱形片，放入沸水锅中，汆烫片刻，捞出备用。

◎将盐、鸡精、香油调入苦瓜中，拌匀，撒上红椒片即可。

凉拌茄子

原材料 茄子 400 克，西兰花 50 克

调味料 盐、味精各 3 克，姜末适量，白糖、香醋、香油、花椒油、芝麻酱各适量

|制|作|方|法|

◎将茄子去蒂、洗净，切成条状，放入蒸锅中蒸熟；西兰花洗净，放入沸水锅中汆烫熟后捞出，沥水备用。

◎将蒸好的茄子装入大碗中，加入盐、味精、白糖、芝麻酱、香醋、姜末、花椒油、香油拌匀，装入盘中，用西兰花点缀即可。

糖拌番茄

原材料 番茄 400 克

调味料 白糖适量

|制|作|方|法|

◎将新鲜的番茄洗净，去蒂，放入沸水锅中汆烫片刻，捞出立即放入冷水中过凉，改刀切成均匀的橘瓣状，再将每块番茄横向切一刀，一分为二，并用刀将番茄皮与肉切分开，摆入盘中，用番茄皮围边。

◎在番茄上均匀地撒上白糖即可。

跳水仔姜

原材料 仔姜 200 克，红椒 1 个

调味料 味精 5 克，白糖 3 克，香油 5 毫升，泡菜水 200 毫升

|制|作|方|法|

◎将仔姜洗净，擦干水分，放入泡菜水中浸泡 2 天。

◎取仔姜切成条状，红椒切丝。

◎将仔姜装盘，调入味精、白糖、香油拌匀，撒上红椒丝即可。

风味泡菜

原材料 胡萝卜 200 克，白萝卜 200 克，芹菜 50 克

调味料 盐、味精、白醋、香油各适量，野山椒适量

|制|作|方|法|

◎将胡萝卜洗净，切成波浪块；芹菜洗净，切成 4 厘米长的段；白萝卜洗净，切成大小适中的块，装入大碗中。

◎将野山椒、白醋、盐、味精、香油调入大碗中，拌匀，浸渍 2 小时后即可食用。

凉拌黑木耳

原材料 水发黑木耳 150 克，青椒、红椒各少许

调味料 姜 10 克，蒜末、盐、味精、胡椒粉、辣椒酱、辣椒油、香醋各适量

|制|作|方|法|

◎将水发黑木耳撕成小片；姜洗净，切成丝；青椒洗净，切圈；红椒洗净，切丝或切成碎末。

◎净锅上火，注入适量清水，烧沸后下入黑木耳焯烫至熟，捞出沥水备用。

◎将焯好的黑木耳与姜丝一起放入碗中，加入蒜末、辣椒酱、辣椒油、盐、味精、胡椒粉、香醋、青椒、红椒一起搅拌均匀即可。

酸辣黑木耳

原材料 水发黑木耳 500 克

调味料 辣椒酱、白醋、盐、味精、香油、红油各适量

|制|作|方|法|

◎将水发黑木耳放入沸水锅中焯透，捞出控干水分。

◎将辣椒酱、白醋、盐、味精、香油、红油混合拌匀，调成味汁，淋入黑木耳中，拌匀入味，即可装盘食用。

柠檬藕片

原材料 柠檬 2 片，莲藕 300 克

调味料 柠檬汁 500 毫升

|制|作|方|法|

◎莲藕洗净，去皮，切薄片。

◎将藕片浸入柠檬汁中，加入柠檬片，浸泡 1 小时后即可取出食用。

三丝木耳

原材料 水发木耳 200 克，青椒、红椒、黄椒各 50 克，海米 15 克

调味料 姜末、蒜末各 5 克，香油、花椒油、食用油各 10 毫升，白糖 3 克，醋 5 毫升，酱油 5 毫升，味精 3 克

|制|作|方|法|

◎将海米用温水泡软，捞出沥干，剁成细末，与姜末、蒜末、醋、白糖、酱油、味精、香油、花椒油一起调匀，制成味汁。

◎将水发木耳逐片洗净后切丝；青椒、红椒、黄椒分别洗净后切丝。

◎净锅上火，注入适量清水，大火烧沸后加入盐、食用油，分别将木耳丝、青椒丝、红椒丝、黄椒丝烫熟，捞出，沥干水分。

◎将焯透的木耳丝、青椒丝、红椒丝、黄椒丝趁热拌入调好的味汁，静置腌渍，待冷却入味后即可。

麻油萝卜

原材料 白萝卜 300 克，红椒 25 克

调味料 白糖 50 克，盐 50 克，白醋 500 毫升，味精 10 克，话梅汤 300 毫升，蒜瓣 50 克，香油、花椒油各适量

|制|作|方|法|

◎将白萝卜洗净，带皮切成条状；红椒洗净，切段；蒜瓣去皮，备用。

◎将白醋装入盛器中，放入白萝卜条，浸泡 1 小时左右。

◎将红椒段加入白醋中，注入适量话梅汤，再放入盐、味精、白糖、蒜瓣，腌渍 24 小时。食用时淋入少许香油、花椒油即可。

脆萝卜皮

原材料 白萝卜皮 500 克

调味料 盐 5 克，味精 3 克，白糖少许，香油 3 毫升，剁椒 20 克

|制|作|方|法|

◎将白萝卜皮洗净，切片，装入盛器中。
◎将白萝卜皮用盐、剁椒腌制半小时左右。
◎在腌好的白萝卜皮中调入味精、白糖、香油，拌匀，取出装盘即可。

脆银耳

原材料 水发银耳 200 克，红椒 50 克，青瓜适量

调味料 白糖少许

|制|作|方|法|

◎红椒洗净，切丝；青瓜洗净，切成条状。
◎将水发银耳放入沸水锅中焯透捞出，沥水备用；红椒丝放入沸水锅中焯烫至熟，捞出沥水备用。
◎在水发银耳中加入少许白糖，拌匀，撒上红椒丝、青瓜条，凉后即可食用。

凉拌折耳根

原材料 折耳根 100 克，香菜少许，红椒 1 个

调味料 盐、酱油、香醋、白糖各适量，剁椒、姜末、葱末各适量

|制|作|方|法|

◎将折耳根洗净，切成长段；红椒洗净，切丝；香菜洗净，切碎备用。
◎将折耳根、红椒丝用盐拌匀，腌渍 10 分钟。
◎将腌好的折耳根、红椒丝控干水分，装入盛器中，调入剁椒、酱油、香醋、白糖、姜末、葱末、香菜拌匀即可。

香菜莴笋丝

原材料 莴笋 400 克，香菜 100 克，红椒 1 个

调味料 盐 5 克，味精 3 克，香油 5 毫升

|制|作|方|法|

◎将莴笋去皮，洗净，切成丝；香菜洗净，切成段；红椒洗净，切成丝。
◎将莴笋丝放入碗中，加入盐腌渍 5 分钟。
◎将腌好的莴笋丝挤干水分，加入香菜、红椒丝，加入盐、味精、香油，拌匀即可。

麻酱凤尾

原材料 莴笋叶 100 克，熟白芝麻 5 克

调味料 芝麻酱 10 克，盐 2 克，白糖 1 克，味精 1 克，香油 1 毫升

|制|作|方|法|

◎将莴笋叶洗净，沥水后放入盘中，备用。
◎将调味料混合调匀，制成麻酱汁。
◎将麻酱汁调匀后，淋在莴笋叶上，再撒上熟白芝麻，拌匀即可。

果味三丝

原材料 心里美萝卜 100 克，胡萝卜 100 克，白萝卜 100 克，香菜少许

调味料 柠檬汁 50 毫升

|制|作|方|法|

◎将心里美萝卜、胡萝卜、白萝卜分别洗净，切丝。
◎将上述切好的三丝放入盘中，淋上柠檬汁，拌匀，撒上香菜即可。
食在实惠：萝卜丝切得要细，吃起来口感才会佳。

凉拌西兰花

原材料 西兰花 500 克

调味料 盐 4 克，鸡精、香油、白醋、食用油各适量，蒜末适量

|制|作|方|法|

◎将西兰花掰成小朵，洗净，放入加了少许盐、食用油煮沸的开水锅中，焯烫至熟。
◎将焯好的西兰花捞出，放入冷开水中过凉，至完全冷透后取出，沥干水分，装入器皿中，加入盐、蒜末、鸡精拌匀。
◎净锅上火，注入少许食用油、香油，烧热后盛出，淋在西兰花上，拌匀，最后调入少许白醋，拌匀，装盘即可。

柴鱼豆腐

原材料 柴鱼丝 50 克，豆腐 200 克，海蔁丝少许

调味料 酱油 8 毫升，盐 5 克，味精 3 克，葱末、姜末各 5 克

|制|作|方|法|

◎将豆腐切成块，氽水后捞出晾凉，再放入冷开水中浸泡片刻，盛入碗中。
◎将柴鱼丝、海蔁丝混合，用盐、味精、酱油拌匀入味，放在豆腐上，撒上葱末、姜末。
◎上桌时将碗放入装有冰块的盛器中，以保持豆腐的温度。

水芹拌胡萝卜丝

原材料 水芹 150 克，胡萝卜 100 克

调味料 香油、盐、味精各适量

|制|作|方|法|

◎将水芹洗净，切丝；胡萝卜洗净切丝。
◎将水芹丝、胡萝卜丝分别放入沸水中焯熟，用凉开水冲凉装盘，加盐、味精、香油调匀即成。

泡菜西芹

原材料 西芹 300 克，红椒 1 个

调味料 盐 50 克，味精 5 克，香油 5 毫升

|制|作|方|法|

◎将西芹去根，撕除粗茎丝，用清水洗净，沥干水分，斜切成边长约为 1 厘米的菱形片；红椒洗净，切成菱形片。
◎将西芹片、红椒片装入盛器中，调入盐，混合拌匀，腌渍约 1 小时，期间可多次翻动，待西芹软化脆韧后，将盐水滗出，注入冷开水，将西芹片、红椒片略洗一遍，盛出，沥干水分备用。
◎将西芹片、红椒片装入碗中，调入少许盐、味精、香油，拌匀略腌片刻，整齐地摆入盘中，即可食用。

小葱拌豆腐

生抽3毫升
红油汁 味精2克，红油5毫升，盐3克，高汤少许

|制|作|方|法|

◎将嫩豆腐取出，切成小块，放入沸水锅中焯烫熟后捞出，沥水备用；小葱洗净，切成葱末；朝天椒洗净，切碎，加入红油汁中，备用。
◎将豆腐放入碗中，淋入生抽和红油汁，撒上葱末即可。

香菜拌干丝

原材料 豆腐皮500克，香菜少许
酱油汁 盐5克，味精2克，生抽10毫升，香油2毫升，高汤适量

|制|作|方|法|

◎将豆腐皮洗净，放入沸水锅中余烫片刻，捞出晾凉，切成细丝；香菜洗净，切段备用。
◎将豆腐丝放入盘中，撒上香菜，再淋上酱油汁，拌匀即可。

凉拌豆干

原材料 五香豆干300克，芹菜30克，红椒25克，青椒15克
调味料 红油5毫升，香油15毫升，盐5克，香醋适量，味精3克

|制|作|方|法|

◎将青、红椒分别洗净，切成细丝；芹菜洗净，去叶留梗，切成段，入沸水锅中焯烫熟后捞出，晾凉待用。
◎将五香豆干洗净，放入凉开水中浸泡3分钟，去除苦味，捞出沥干水分。
◎将豆干切成粗条，与青、红椒丝和芹菜丝一起装入盛器中，加入红油、香油、盐、味精和香醋，搅拌均匀即可。

卤水豆腐

原材料 老豆腐500克
调味料 卤汁600毫升，酱油、盐各适量，味精少许

|制|作|方|法|

◎将老豆腐放入清水中浸泡片刻，取出，换水再泡两次，盛出，沥水备用。
◎将卤汁烧沸，放入豆腐，烹入酱油，以小火煮约10分钟，加入少许盐、味精，继续焖煮约5分钟，盛出，沥水，晾凉。
◎将晾凉后的卤豆腐切片，整齐地摆入盘中，淋上少许卤汁即可。

凉拌米豆腐

原材料 米豆腐300克，熟白芝麻少许
麻辣汁 盐5克，红油5毫升，香油2毫升，花椒油2毫升，酱油、香醋、姜汁各适量，干红尖椒碎2克

|制|作|方|法|

◎将米豆腐放入清水中，浸泡片刻，取出，再放入清水中，略浸洗一下，放入沸水锅中焯烫后捞出，沥干水分，切成长方块，放入盘中。
◎将麻辣汁均匀地淋在米豆腐块上，撒上熟白芝麻，食用时拌匀即成。

炝拌金针菇

原材料 金针菇 250 克

调味料 白醋少许，葱段 20 克，红椒丝 15 克

葱油汁 葱末 20 克，食用油 20 毫升，味精、鸡精、香油各适量

|制|作|方|法|

◎将金针菇切去根部，用清水冲洗干净，切段。

◎净锅上火，注入适量清水，烧沸，放入切好的金针菇，焯烫至熟，捞出放入冷开水中过凉，待冷却后捞出，沥水备用。

◎将金针菇盛入盛器中，加入葱段、红椒丝，淋入葱油汁，调入白醋，拌匀入味，装盘即成。

麻辣腐竹

原材料 干腐竹 300 克

调味料 盐 5 克，花椒粉 2 克，食用油适量，干红尖椒 50 克，葱末少许

|制|作|方|法|

◎干腐竹提前 2～3 个小时用低温水浸泡好，捞出沥水；干红尖椒洗净，用厨房用纸擦干表面的水渍，切碎后与花椒粉一起装入一个干燥的碗中。

◎净锅上火，注入食用油，烧至高温，盛出倒入装有干辣椒碎和花椒粉的碗中，制成辣椒油，静置晾凉。

◎将泡好的腐竹整齐地摆入盘中，撒上盐，倒入凉的辣椒油，加少许葱末拌匀即可。

拌海带结

原材料 海带结 200 克

调味料 蒜末 10 克，嫩姜 10 克，干红辣椒 20 克，盐 4 克，白糖少许，香油适量

|制|作|方|法|

◎将嫩姜洗净，切丝，放入清水中略作浸泡；干红辣椒洗净，切细丝；海带结洗净，放入沸水锅中，略余烫后捞出，放入冷开水中浸泡至凉。

◎将海带结及姜丝、干红辣椒丝装入盛器中，加蒜末、白糖、盐、香油，混合拌匀即可食用。

凉拌海带丝

原材料 海带 400 克，红椒 1 个，香菜少许

调味料 盐 5 克，味精 2 克，香醋、香油各适量

|制|作|方|法|

◎将海带泡发，洗净，切成丝；红椒洗净，切丝；香菜洗净，切成段。

◎将海带丝放入沸水锅中余烫后捞出，沥干水分。

◎将海带丝放入碗中，下入调味料、红椒丝、香菜拌匀即可。

麻辣腐皮丝

原材料 豆腐皮 200 克，红椒 1 个，青椒 1 个

调味料 盐 5 克，白糖 1 克，姜汁 3 毫升，味精 1 克，辣椒酱 5 克，花椒粉 2 克，胡椒粉 2 克，香油 5 毫升

|制|作|方|法|

◎将豆腐皮洗净，切成宽条，放入沸水锅中余烫片刻，捞出，沥水，晾凉。

◎将红椒、青椒分别去蒂、洗净，切成丁，烹入姜汁、味精、辣椒酱、花椒粉、胡椒粉、香油，充分拌匀，制成味汁，备用。

◎将晾凉后的豆腐皮装入大碗中，烹入盐、白糖，拌匀，略腌片刻，加入调制好的味汁，充分拌匀即可。

椒汁香菇

原材料 鲜香菇 300 克

调味料 盐 3 克，味精 3 克，姜片 10 克，葱段 20 克，高汤 600 毫升，花椒油、食用油适量

|制|作|方|法|

◎将鲜香菇去根、菌秆，洗净，切成小片；净锅置旺火上，注入高汤，烧沸后调入少许盐、食用油，放入鲜香菇片氽煮至熟，捞出，放入冷开水中浸凉，捞出沥水，装入盛器中，待用。

◎净锅置旺火上，注入食用油，烧至四成热，放入姜片、葱段，煸炒出香，盛出装碗，拣出葱段、姜片，制成葱姜油备用。

◎将盐、味精与葱姜油、花椒油调匀，制成椒味汁，淋入香菇片中充分拌匀，装盘即可。

尖椒皮蛋

原材料 皮蛋 2 个，青椒 50 克，红尖椒 10 克

调味料 醋、酱油各 10 毫升，香油 5 毫升，盐 3 克，味精 2 克，葱末适量，蒜末 10 克

|制|作|方|法|

◎将青椒、红尖椒分别洗净，青椒切丁，红尖椒剁碎；将皮蛋去壳，切成月牙瓣，摆入盘中。

◎将青椒、红尖椒、蒜末与盐、味精、香油调成味汁，淋在皮蛋上，烹入醋、酱油，撒上葱末，食用时拌匀即可。

尖椒拌虾皮

原材料 虾皮 100 克，尖椒 50 克

调味料 蒜叶 30 克，蒜 3 瓣，味精、香醋、香油、白糖、辣椒油各适量

|制|作|方|法|

◎将尖椒洗净切丝；蒜叶切段；蒜切碎，备用。

◎将虾皮洗净，沥干水分，入油锅炸至金黄色，捞出沥干油分。

◎锅底留油，将蒜碎煸香，下入尖椒丝、蒜叶炒至断生，盛起。

◎将虾皮和尖椒丝、蒜叶放入大碗中，调入味精、香醋、香油、白糖、辣椒油拌匀，装盘即成。

白菜炒木耳

原材料 水发木耳 50 克，大白菜 200 克

调味料 盐 5 克，味精 3 克，蚝油 10 毫升，食用油适量

|制|作|方|法|

◎将水发木耳用温水泡发至软，择洗干净；大白菜洗净，切片，放入沸水锅中氽烫断生，捞出，沥水备用。

◎热锅注入食用油，下入大白菜、水发木耳翻炒至熟，调入盐、味精、蚝油炒至入味，出锅即可。

魔芋拌酸辣椒

原材料 魔芋 250 克，柠檬 2 片，洋葱末 20 克，红尖椒 1 个

调味料 香油 60 毫升，白酒醋 15 毫升，盐适量，黑胡椒适量，白酒 200 毫升，蒜末 15 克，月桂叶 1 片

|制|作|方|法|

◎净锅上火，注入适量清水，加白酒醋混合，放入魔芋煮沸，去除碱味，捞出备用。

◎将柠檬去皮，取果肉榨成汁，柠檬皮、柠檬汁皆留置备用；红尖椒洗净，切圈。

◎净锅上火，注入清水，烧沸后加入月桂叶、白酒、柠檬皮和少许盐，略煮片刻后加入魔芋，待锅中再次沸腾时捞出魔芋，静置晾凉，待冷却后切成片，装盘。

◎将蒜末、洋葱末、红尖椒圈、盐、黑胡椒、香油和柠檬汁混合拌匀，淋在魔芋片上，拌匀即可。

尖椒木耳

原材料 红尖椒 50 克，水发黑木耳 200 克

调味料 盐 5 克，鸡精 3 克，油适量

制 作 方 法

◎将红尖椒洗净；水发黑木耳洗净备用。

◎锅中下油烧热，倒入红尖椒翻炒几下，再倒入水发黑木耳不停翻炒 3 分钟，调入盐、鸡精入锅中，翻炒几下，起锅即可。

果仁菠菜

原材料 菠菜 250 克，花生米 50 克

调味料 盐 5 克，味精 5 克，食用油适量

制 作 方 法

◎将菠菜择洗干净；花生米入油锅中炸至酥脆。

◎将菠菜放入沸水锅中汆烫后，捞出，沥干水分。

◎锅中放食用油，下入菠菜、盐、味精，翻炒至熟，撒上花生米，拌匀，盛出装盘即可。

菠菜木耳

原材料 菠菜 200 克，水发木耳 50 克

调味料 盐 5 克，味精 3 克，食用油适量，蒜末 10 克

制 作 方 法

◎将菠菜洗净，切段；水发木耳洗净，沥水备用。

◎锅中注入食用油烧热，炒香蒜末，下菠菜、水发木耳入锅翻炒 2 分钟，注入少许清水，加盖略焖，下盐、味精调味，炒匀，出锅即可。

爽口西芹

原材料 西芹 300 克，红椒 1 个

调味料 盐 5 克，味精 3 克，生抽 6 毫升，食用油适量，干红椒 1 个

制 作 方 法

◎将西芹洗净，切成薄片，放入沸水锅中焯熟，捞出沥水，盛入盘中，再淋上用盐、味精、生抽和少许水调成的味汁。

◎干红椒洗净，切小段；红椒洗净，切条状。

◎热锅注入食用油，烧热，下干辣椒、红椒入锅炒香，盛出浇在西芹上，食用时拌匀即可。

豆豉水芹菜

原材料 水芹菜 500 克，红尖椒 3 个

调味料 豆豉 10 克，盐 5 克，酱油 6 毫升，食用油适量，姜末、蒜末共 10 克

制 作 方 法

◎将水芹菜洗净，剔去绿叶，切段；红尖椒洗净，切粒。

◎净锅上火，注入适量食用油，烧热后下姜末、蒜末、尖椒粒，以大火爆香，倒入水芹菜，放盐、豆豉，翻炒均匀后加盖，以大火焖至芹菜熟，滴入酱油调味，翻炒均匀后用小火略焖片刻，即可出锅。

清炒土豆丝

原材料 土豆 300 克

调味料 盐、味精、白糖各适量，葱段少许，食用油适量

|制|作|方|法|

◎将土豆去皮，洗净，切成细丝，放入清水中浸泡片刻，捞出，沥水备用。

◎炒锅上火，注入食用油烧热，下葱段煸香，加入土豆丝炒熟，放入味精、白糖、盐，略炒入味，出锅即可。

醋熘土豆丝

原材料 土豆 300 克

调味料 盐 5 克，葱段少许，醋 50 毫升，食用油适量

|制|作|方|法|

◎土豆去皮，洗净，切成细丝，放清水中洗去淀粉。

◎炒锅置火上，放食用油烧热，下葱段爆炸，待有香味时，放入土豆丝炒拌均匀。至土豆丝炒熟时，放入醋、盐，炒匀即可出锅。

青椒炒酸菜

原材料 酸菜 400 克，青椒 50 克

调味料 盐 5 克，鸡精 3 克，生抽 8 毫升，姜、蒜末少许，食用油适量

|制|作|方|法|

◎将酸菜洗净，用清水浸泡 1 小时，捞出挤干水分；青椒洗净，切圈。

◎锅中下少许食用油，烧热，将姜、蒜末及青椒炒香，再将酸菜下入锅中，翻炒一会，下盐、鸡精、生抽调味，翻炒均匀入味即可。

酸辣土豆丝

原材料 土豆 500 克，红椒 1 个

调味料 干红辣椒 1 个，泡椒 5 个，酱油 3 毫升，醋 10 毫升，盐 5 克，味精 3 克，食用油适量

|制|作|方|法|

◎将土豆洗净，去皮，切成细丝，用清水洗净；红椒洗净，切长丝；干红尖椒洗净，切小段；泡椒洗净，切段。

◎炒锅上火，注入食用油烧热，下入泡椒、土豆丝煸炒至断生，加入干红辣椒、红椒丝略炒，烹入酱油、盐、醋、味精，炒至入味即成。

清炒花菜

原材料 花菜 500 克，番茄 1 个

调味料 盐 5 克，酱油 8 毫升，香油少许，食用油适量

|制|作|方|法|

◎将花菜洗净，切小朵，放入沸水锅中焯一下水，捞出，沥水备用；番茄洗净，切片。

◎热锅注入食用油，烧热，将花菜、番茄下入锅中，翻炒 2 分钟，烹入盐、酱油，加少许水，焖至水干，淋入香油，拌匀出锅即可。

一二至五元美食

清炒西兰花

原材料 西兰花 300 克

调味料 盐 5 克，味精 3 克，食用油适量

|制|作|方|法|

◎将西兰花洗净，切成小朵，放入沸水锅中氽烫断生，捞出，沥水备用。

◎热锅注入食用油，烧热，下西兰花入锅中清炒，大火略炒片刻，烹入盐、味精调味，起锅即可。

清炒茭白

原材料 茭白 300 克

调味料 盐 5 克，味精 3 克，香油少许，姜末、蒜末各少许，淀粉 5 克，食用油适量

|制|作|方|法|

◎将茭白削去粗皮，洗净，切成片，放入沸水锅中氽烫片刻，捞出，沥水备用。

◎炒锅置中火上，注入食用油，烧至五成热，爆香姜末、蒜末，加入茭白炒至八成熟，调入盐、味精，炒至入味，用淀粉勾芡，大火收汁，滴入少许香油，炒匀，出锅即成。

清炒白菜薹

原材料 白菜薹 400 克

调味料 盐、味精、食用油各适量

|制|作|方|法|

◎将白菜薹洗净，沥水备用。

◎热锅注入食用油，烧热，下入白菜薹，炒熟后调入盐、味精，炒匀即可出锅。

清炒上海青

原材料 上海青 400 克，胡萝卜片少许

调味料 盐 5 克，味精 3 克，食用油适量

|制|作|方|法|

◎将上海青逐片洗净，放入沸水锅中，滴入少许食用油，氽烫片刻，盛出，沥水备用。

◎炒锅上火，注入少许食用油，下上海青、胡萝卜片炒熟，烹入盐、味精炒匀，出锅即可。

食在实惠：上海青焯水时，水中放少许油，焯好的菜更脆绿。

手撕包菜

原材料 包菜 200 克

调味料 盐 5 克，味精 3 克，鸡精 3 克，干红辣椒 10 克，姜末、蒜末、酱油、醋、食用油各适量

|制|作|方|法|

◎将包菜洗净，用手撕成大片，入沸水锅中氽烫片刻，盛出，沥水备用；干红辣椒洗净，擦干表面的水分，切成小段。

◎热锅注入食用油，下入姜末、蒜末、干辣椒段爆香，加入包菜翻炒片刻，烹入盐、味精、鸡精、酱油、醋炒匀，出锅装盘即可。

食在实惠：包菜入水中焯后再炒，更易熟，且能更全地保存包菜的营养。

清炒雪里蕻

原材料 雪里蕻 200 克，红椒 50 克

调味料 盐适量，香油 3 毫升，蒜末 10 克，食用油 30 毫升

|制|作|方|法|

◎将雪里蕻洗净，放入沸水中汆烫片刻，取出，放入冷水中过凉，沥干水分，切粒备用；红椒洗净，切碎丁，备用。

◎净锅上火，注入食用油，烧热，下蒜末、红椒丁爆香，加入雪里蕻翻炒至熟，加入盐、香油调味，拌匀即可。

家常胡萝卜片

原材料 胡萝卜 400 克

调味料 盐 4 克，鸡精 3 克，料酒 5 毫升，葱 10 克，食用油适量

|制|作|方|法|

◎将胡萝卜洗净后切成薄片；葱洗净，切成葱末。

◎净锅置火上，注入食用油，烧至四成热时放入胡萝卜片翻炒，加入盐、鸡精、料酒炒匀后加葱末即可。

干煸四季豆

原材料 四季豆 300 克，猪肉末 50 克

调味料 盐 3 克，味精少许，米酒少许，干辣椒少许，姜、蒜、葱花、油各适量

|制|作|方|法|

◎将四季豆去老筋，折成段，洗净，沥干水渍后放入热油锅中过一下油，起锅备用；干辣椒洗净，切段；姜、蒜切成末。

◎热锅注入少许油，下猪肉末、姜末、蒜末、干椒段煸香，加入四季豆煸炒，调入味精、盐、米酒，炒至入味，撒上葱花，出锅即可。

食在实惠：四季豆过油时油温不宜过高，以免过分脱水、软烂。

炝炒胡萝卜丝

原材料 胡萝卜 300 克

调味料 盐 5 克，香葱 5 克，姜丝 5 克，酱油 6 毫升，味精 3 克，干辣椒 3 克，食用油适量

|制|作|方|法|

◎将胡萝卜洗净，切成细丝；干辣椒、香葱洗净，切成段备用。

◎热锅注入食用油，烧热后下干辣椒、香葱段、姜丝爆香，放入胡萝卜丝翻炒片刻，烹入盐、酱油、味精炒熟，装盘即可。

酒糟炒蕨菜

原材料 蕨菜 200 克，芹菜 40 克，红椒 30 克

调味料 味精 3 克，盐适量，酒糟 15 克，葱 30 克，蒜 20 克，食用油适量

|制|作|方|法|

◎将蕨菜洗净切段，焯水；蒜去皮切片，红椒去籽洗净切丝，葱洗净切段，芹菜洗净切段。

◎锅内放食用油，烧热，下入葱段、蒜片爆香，倒入蕨菜和红椒丝翻炒均匀，加入酒糟焖 1 分钟，调入盐和味精，炒匀装盘即可。

一至五元美食

胡萝卜炒豆腐

原材料 胡萝卜 300 克，豆腐 100 克

调味料 盐 5 克，酱油 8 毫升，素蚝油 10 毫升，食用油适量

|制|作|方|法|

◎将胡萝卜洗净，切丝，放入沸水锅中焯熟，捞出沥干水分；豆腐用凉水冲洗干净，捣碎备用。

◎净锅上火，注入食用油烧热，下豆腐炒干水分，加入焯熟的胡萝卜丝翻炒，调入盐、酱油、素蚝油，炒至入味即可。

大盆藕条

原材料 莲藕 400 克，青、红椒共 10 克

调味料 盐 5 克，鸡精 3 克，陈醋 8 毫升，酱油 6 毫升，香油 5 毫升，姜、蒜末少许，食用油适量

|制|作|方|法|

◎将莲藕洗净，切成条；青、红椒分别洗净，切条。

◎锅中注入食用油烧热，炒香姜、蒜末，再将藕条、青、红椒下入锅中，翻炒一会，下半碗水，加盖焖煮 10 分钟。

◎煮至藕条熟，将盐、鸡精、酱油、陈醋下入锅中调味，淋入香油，翻炒均匀即可。

小炒丝瓜

原材料 丝瓜 500 克，红椒 10 克

调味料 食用油适量，盐 5 克，鸡精 3 克，葱末、水淀粉各少许

|制|作|方|法|

◎将丝瓜洗净，去皮，切成块；红椒洗净，切条。

◎热锅注入食用油，烧至八成热，下葱末炝锅，放入红椒、丝瓜略炒，加盐、鸡精，翻炒至丝瓜断生，加少许清水，转用中火烧约 1 分钟，用水淀粉勾芡，大火收汁，出锅装盘即成。

酸辣藕丁

原材料 莲藕 400 克，青豆 50 克

调味料 盐 5 克，醋 10 毫升，鸡精 5 克，蒜末 3 克，干辣椒 50 克，油适量

|制|作|方|法|

◎将莲藕洗净，去皮，切成丁；青豆洗净；干辣椒洗净，切段。

◎净锅上火，注油烧热，下蒜末、干辣椒爆香，加入莲藕丁、青豆一起翻炒，加少许水，加盖焖煮片刻，至锅中水分收干，加盐、鸡精、醋调味即可。

清炒藕片

原材料 莲藕 400 克，红椒 10 克

调味料 盐 5 克，味精 3 克，葱少许，食用油 10 毫升

|制|作|方|法|

◎将莲藕洗净，去皮，切薄片，放入沸水锅中汆透，盛出，滤水备用；葱洗净，切末；红椒洗净，切条。

◎净锅上火，注入食用油烧热，下红椒爆香，下莲藕煸炒至熟，调入盐、味精，炒匀，盛出装盘，撒上葱末即可。

食在实惠：炒莲藕时不宜用铁锅，否则藕片很容易被氧化变黑。

炝炒菜心

原材料 菜心 300 克

调味料 干辣椒 5 克，盐 5 克，味精 3 克，食用油适量

|制|作|方|法|

◎菜心洗净；干辣椒切成段。

◎锅中下水烧沸，放少许食用油，下入菜心，余烫后捞出。

◎锅中注入食用油油烧热，下入干辣椒炝香，再放入菜心、盐、味精炒匀即可。

食在实惠：菜心要选色泽翠绿、质地鲜嫩的，在滴有少许油的水中余水，能使菜心更鲜嫩、翠绿。

豆豉冬瓜

原材料 冬瓜 500 克

调味料 豆豉 30 克，醋 20 毫升，盐 5 克，味精 3 克，剁椒 10 克，红油 10 毫升，食用油适量

|制|作|方|法|

◎将冬瓜洗净，去皮，切成块。

◎热锅注入食用油，烧热，下冬瓜块入锅，炒熟，调入红油、豆豉、醋、盐、味精、剁椒下入锅中，翻炒至冬瓜均匀入味，出锅即可。

炒鲜笋

原材料 鲜笋 150 克，胡萝卜片 100 克，红椒片、青椒片各少许

调味料 盐 3 克，味精 3 克，姜丝少许，食用油适量

|制|作|方|法|

◎将鲜笋洗净，切薄片，放入沸水锅中余烫片刻，捞出，沥水备用。

◎热锅注入食用油，烧热，下姜丝爆香，加入鲜笋片、青椒片、红椒片、胡萝卜片，以大火翻炒约 3 分钟，至笋片熟，加入盐、味精拌炒均匀，起锅装盘即可。

香辣空心菜

原材料 空心菜 500 克，红尖椒 10 克

调味料 蒜瓣 10 克，盐 3 克，味精 2 克，香油 3 毫升，食用油适量

|制|作|方|法|

◎将空心菜摘洗干净，沥干水分；红尖椒洗净后切成小圈；蒜瓣去皮，备用。

◎炒锅置旺火上，注入食用油，烧至七成热时，加入蒜瓣、红尖椒圈爆香，下空心菜炒至断生，加盐、味精翻炒，淋入香油，装盘即成。

清炒莴笋

原材料 莴笋 600 克

调味料 盐 5 克，味精 3 克，食用油适量

|制|作|方|法|

◎将莴笋茎去皮、切片。

◎锅中水烧沸，下入莴笋片、莴笋叶焯水后捞出。

◎锅中放食用油，下入莴笋片、莴笋叶、盐、味精炒匀即可。

攸县香干

原材料 攸县香干 300 克，青椒 1 个，红椒 1 个

调味料 豆瓣酱、盐、味精、鸡精、酱油、蒜片、食用油各适量，葱少许

|制|作|方|法|

◎将攸县香干洗净，切小片；青、红椒分别洗净，切圈；葱洗净，切末。

◎将攸县香干下入水中，加盐，煮 10 分钟后捞出。

◎热锅注入食用油，炒香青椒、红椒、豆瓣酱、蒜片，下攸县香干翻炒片刻，调入盐、味精、鸡精、酱油炒至入味，装盘，撒上葱末即可。

尖椒豆腐皮

原材料 豆腐皮 200 克，青椒 1 个，红椒 1 个，猪肉 50 克

调味料 盐 5 克，味精 3 克，胡椒粉 2 克，高汤 50 毫升，生粉 20 克，食用油适量

|制|作|方|法|

◎豆腐皮洗净，切成块；青椒、红椒洗净切片；猪肉切片。

◎猪肉片中放少许生粉拌匀，入沸水中余透。

◎锅中放少许食用油，将青椒、红椒、豆腐皮、盐、味精、胡椒粉翻炒爆香后，下入猪肉翻炒至八成熟，入高汤焖至入味，用生粉勾芡即可。

清炒豌豆苗

原材料 豌豆苗 500 克

调味料 食用油适量，姜丝、料酒各少许，盐 5 克，味精 3 克

|制|作|方|法|

◎将豌豆苗拣去杂质，洗净，捞出，沥水备用。

◎热锅注入食用油，以旺火烧至六成热，下姜丝爆香，放豌豆苗入锅翻炒片刻，调入盐、味精、炒至断生，出锅即可。

家常扁豆丝

原材料 扁豆 400 克，红尖椒 30 克

调味料 盐 5 克，味精 3 克，酱油、醋各 6 毫升，食用油适量

|制|作|方|法|

◎将扁豆洗净，切成细丝；红尖椒洗净，切圈。

◎热锅注入食用油，烧热，下扁豆丝、红尖椒圈入锅，大火快炒 3 分钟，至扁豆丝将熟，调入盐、味精、酱油、醋，炒至入味，出锅装盘即可。

清炒油豆角

原材料 油豆角 400 克

调味料 盐 5 克，味精 3 克，鸡精 2 克，食用油适量

|制|作|方|法|

◎将油豆角洗净，撕去老茎，放入沸水锅中余透，捞出，控干水分。

◎热锅注入食用油，下入油豆角翻炒至熟，调入盐、味精、鸡精，炒至入味，出锅即可。

炒年糕

原材料 年糕 200 克，泡菜 50 克，洋葱丝少许

辅料 韩式辣椒酱 10 克，白糖 5 克，盐 5 克，酱油 8 毫升，
蒜末少许

|制|作|方|法|

◎将年糕切成短圆柱状，然后用热水泡软。
◎锅烧热，将洋葱丝、蒜末、泡菜下入锅中翻炒，再加入酱油、
盐、白糖调味后，放入年糕块拌炒。
◎加少许清水，转小火，让年糕吸收汤汁，再加入韩式辣椒酱
拌炒均匀即可。

番茄炒蛋

原材料 番茄 250 克，鸡蛋 2 个

辅料 盐 5 克，蒜末少许，食用油适量

|制|作|方|法|

◎将番茄洗净，切成块；鸡蛋打入碗中，加少许盐打散。
◎净锅上火，注入食用油，烧热后下鸡蛋液炒至熟，用锅铲
切成大块，盛出。
◎净锅上火，注入食用油，下蒜末爆香，加入番茄、盐，以
中火炒约 2 分钟，加入鸡蛋，混合炒匀，出锅即可。

蒜蓉丝瓜

原材料 丝瓜 300 克，香菜少许

辅料 盐 5 克，味精 3 克，食用油 5 毫升，蒜末 100 克

|制|作|方|法|

◎将丝瓜去皮，洗净，切成段，整齐地摆入圆盘中；香菜洗净，
切碎备用。
◎热锅注入食用油，烧热，下蒜末爆香，加入盐、味精炒匀，
盛出浇上丝瓜上。
◎将摆盘好的丝瓜放入蒸锅中，以大火蒸约 10 分钟，取出，
撒上香菜即可。

清蒸萝卜丸

原材料 白萝卜 400 克，瘦肉 100 克

辅料 葱末 3 克，盐 6 克，鸡精 2 克，生粉 50 克

|制|作|方|法|

◎将白萝卜洗净，切成细丝，焯水后挤干水分；瘦肉洗净，
剁成蓉，与萝卜丝、盐、生粉、鸡精拌匀，揉成小丸子，搓
圆备用。
◎将搓好的萝卜丸子整齐地摆入盘中，入蒸锅中，以大火蒸
约 15 分钟，撒上葱末即可。

苦瓜炒蛋

原材料 苦瓜 1 个，鸡蛋 2 个

辅料 食用油、盐各适量

|制|作|方|法|

◎将鸡蛋打入碗中，加入少许盐，搅打成蛋液；苦瓜洗净，
切片，用盐腌制 10 分钟，倒掉腌渍出的水，并挤干苦瓜上
的水分。
◎净锅上火，注入食用油，以大火烧至五成热，倒入鸡蛋液
翻炒片刻，加入苦瓜炒熟即可。

剁椒蒸芋头

原材料 芋头 400 克

调味料 盐 5 克，味精 3 克，香油 5 毫升，葱末少许，剁椒 100 克

|制|作|方|法|

◎将芋头洗净，去皮，切块，放入盘中，调入盐、味精、剁椒，拌匀。

◎将盘放入蒸笼中，以大火蒸约 30 分钟，淋上香油，撒上葱末即可。

蒜蓉蒸大白菜

原材料 大白菜 400 克

调味料 蒜末 10 克，葱末、姜末各少许，盐 5 克，味精 3 克，生抽 5 毫升，醋 6 毫升

|制|作|方|法|

◎将大白菜洗净，切片，整齐地摆入蒸盘中，撒上蒜末、姜末。

◎蒸锅上火，放蒸盘入锅约 3 分钟，取出，淋上用盐、味精、生抽、醋调成的味汁，撒上葱末。

青椒蒸香干

原材料 香干 400 克，青椒 100 克

调味料 食用油 600 毫升，盐 3 克，味精 4 克，白糖 1 克，白醋 2 毫升，蚝油 5 毫升，豆瓣酱 3 克，姜 3 克，蒜 5 克，豆豉 3 克，香油 2 毫升，葱末 20 克

|制|作|方|法|

◎将香干洗净，切成片；青椒洗净，去蒂、去籽，切片；姜、蒜剁成末。

◎净锅置旺火上，放入食用油，烧至六成热，下入香干，再用小火煎至两面金黄，加盐、味精、豆瓣酱、蚝油、白糖、姜末、蒜末炒拌入味，出锅装入汤盘内。

◎锅置旺火上，放入食用油，烧至五成热，下入青椒炸至表面呈虎皮状时，倒入漏勺沥干油，放在香干上，加入盐、味精、白醋、豆豉，用旺火蒸 7 分钟至原料熟后取出，淋上香油，撒上葱末即可。

梅菜虾干蒸豆腐

原材料 嫩豆腐 300 克，梅菜 150 克，虾仁 10 克

调味料 酱油 10 毫升，醋 5 毫升，鸡精 3 克，盐 5 克，葱 10 克

|制|作|方|法|

◎将嫩豆腐在水龙头下用流水冲洗，沥干后切成方块；梅菜、葱洗净后均切末，备用。

◎将切好的豆腐放入碗中，调入酱油、醋、鸡精、盐，再放上梅菜、虾仁，上锅蒸 5 分钟，起锅撒上葱末即可。

蒜蓉蒸胜瓜

原材料 丝瓜 500 克，虾仁 20 克，干贝 20 克

调味料 蒜 20 克，酱油、鸡精、淀粉各适量，盐 5 克，油适量

|制|作|方|法|

◎将蒜去皮，捣成蓉；丝瓜去皮，切成 3 厘米高的圆柱，中间挖去部分瓜瓤；干贝洗净后入锅内蒸熟，撕成碎片。

◎锅内注油，爆香蒜末、虾仁、干贝，调入酱油、盐、鸡精、淀粉拌炒均匀。

◎将炒好的蒜末、虾仁、干贝放入挖好的丝瓜中，整齐摆入蒸盘，入锅以大火蒸约 5 分钟，取出即可。

姜末蒸鲜竹卷

原材料 腐衣 250 克，青、红椒碎 5 克

调味料 盐 5 克，味精 5 克，白糖 3 克，沙姜粉 5 克，姜末 10 克

|制|作|方|法|

◎将腐衣洗净，放入沸水中汆烫，捞出，沥干水分；沙姜粉兑入少许水，拌匀成糊，备用。

◎将腐衣铺平，折叠成长方形，用刀切成长条。

◎蒸锅上火，放入腐衣卷，淋入沙姜粉糊，将盐、味精、白糖、姜末、青、红椒碎撒在腐衣上，大火蒸至腐衣熟软，取出摆盘即可。

一品豆腐

原材料 豆腐 500 克

调味料 蒜末 30 克，葱末 10 克，生抽 50 毫升，盐 5 克，香油少许

|制|作|方|法|

◎将豆腐压干水分，切去四周硬皮，再切成 1 厘米厚的的片，摆于盘内。

◎将蒜末、葱末撒在豆腐上，再淋上用生抽、盐、香油调成的味汁。

◎将盘子放入蒸锅中，以中火隔水蒸约 15 分钟即可。

农家蒸茄子

原材料 茄子 400 克，梅干菜 50 克

调味料 食用油适量，蒸鱼豉油 20 克，姜 10 克，蒜 10 克，干椒粉 20 克，葱末 5 克

|制|作|方|法|

◎将茄子切成 1 厘米见方的条；梅干菜洗净，挤干水分；姜、蒜切末。

◎净锅置旺火上，放入食用油，烧至六成热时，下入茄子，炸至金黄色后捞出，整齐地摆在蒸钵内，排成形。

◎锅内留底油，烧热后下姜末、蒜末、干椒粉和梅干菜煸香，盖在茄子上，淋上蒸鱼豉油，上笼蒸约 10 分钟，取出扣于盘中，撒上葱末即可。

冬瓜酿莲子

原材料 冬瓜 300 克，莲子 10 颗，肉末 100 克

调味料 盐 5 克，鸡精 4 克，高汤 500 毫升

|制|作|方|法|

◎将冬瓜洗净，去皮，用模具按出一个个的冬瓜筒，再将冬瓜筒中间掏空。

◎在肉末中加少许盐、鸡精，拌匀后与莲子一起放入冬瓜中间。

◎将整理好的冬瓜莲子放入盘中，加高汤，入锅中蒸 5 分钟加盐、鸡精即可。

臊子芙蓉蛋

原材料 鸡蛋 3 个，肉末 50 克

调味料 盐 3 克，胡椒粉 3 克，酱油 5 毫升，姜末、蒜末、葱末、食用油各适量

|制|作|方|法|

◎将鸡蛋磕入碗中，加盐后搅打成蛋液，注入适量清水拌匀，加盖，以大火蒸约 8 分钟，取出。

◎净锅上火，注入食用油，烧热后下姜末、蒜末爆香，下入肉末炒散，加盐、胡椒粉、酱油调味，盛出，淋在蒸好的鸡蛋上，撒上葱末，食用时拌匀即成。

一至五元素食

蒜蓉生菜

原材料 生菜 400 克，红椒 1 个

调味料 盐 4 克，味精 2 克，蒜 10 克，食用油、高汤适量

|制|作|方|法|

◎将生菜洗净，切段；蒜去皮，剁成末；红椒洗净，剁成碎粒，备用。

◎热锅注入食用油，下蒜末、红椒粒爆香，注入少许高汤，烧沸，下入生菜，煮沸后调入盐、味精，大火收汁，出锅装盘即可。

酸菜粉条

原材料 酸菜 150 克，粉条 250 克，瘦猪肉末 50 克

调味料 盐、味精、鸡精、姜末各适量，葱末 10 克，高汤 150 毫升，食用油适量

|制|作|方|法|

◎将粉条用清水浸泡 2 小时，捞出，切长段，沥水备用；酸菜洗净，切成丝。

◎热锅注入食用油，下姜末、瘦猪肉末炒香，加入酸菜、盐、味精、鸡精，翻炒片刻，注入高汤，烧沸，下粉条入锅，煮至熟软，大火收汁，出锅装盘，撒上葱末即可。

食在实惠：粉条泡发好后再入菜，口感会更好。

高汤煮节瓜

原材料 节瓜 300 克

调味料 盐 5 克，味精 3 克，鸡精 3 克，姜 10 克，高汤适量，香油少许

|制|作|方|法|

◎将节瓜洗净，削去皮，切块；姜洗净，切片。

◎锅中下入高汤烧开，将节瓜、姜片下入锅中，煮 5 分钟，下盐、味精、鸡精调味，淋上香油即可。

食在实惠：节瓜要切成块，煮汤时才不会煮蓉。

蒜蓉菠菜

原材料 菠菜 400 克

调味料 盐 4 克，味精 2 克，蒜 10 克，高汤适量，食用油适量

|制|作|方|法|

◎将菠菜洗净，沥水备用；蒜去皮，剁碎，备用。

◎热锅注入食用油，下蒜末爆香，注入少许高汤，烧沸，加入菠菜，煮沸后调入盐、味精，煮至入味即可。

素菜什锦汤

原材料 黄瓜 100 克，香瓜 80 克，番茄 150 克，香菜少许

调味料 盐、味精各 3 克，葱末、花椒粒各少许

|制|作|方|法|

◎将黄瓜洗净，切丝；香瓜洗净，切丝；番茄洗净，切块；香菜洗净，备用。

◎汤锅上火，注入适量清水，烧沸，下黄瓜、香瓜、番茄、香菜入锅，烧沸后调入盐、味精、花椒粒，拌匀入味，撒上葱末即可出锅。

食在实惠：此汤不宜久煮，汤煮沸即可。

高汤芥菜

原材料 芥菜 400 克

盐 5 克,蒜 30 克,味精 3 克,鸡精 3 克,高汤适量,
食用油适量

|制|作|方|法|

◎将芥菜洗净,切碎,放入沸水锅中氽烫片刻,捞出沥水,
盛入碗中;蒜去皮,洗净,切成粒,撒入芥菜碗中。

◎将高汤注入锅中,烧沸,放入盐、味精、鸡精拌匀,盛出,
浇在芥菜上即可。

食在实惠:芥菜氽烫时,可以放点食用油以免菜叶变黄。

芋头煮娃娃菜

原材料 芋头 300 克,豆苗 100 克

盐 5 克,鸡精 3 克,味精 3 克,香油、高汤各适量

|制|作|方|法|

◎将芋头洗净,切块;豆苗洗净,备用。

◎将高汤、芋头下入汤煲中,用大火烧沸后,转小火煮约 20
分钟,至芋头刚熟,下豆苗入锅,略煮片刻,调入盐、鸡精、
味精,煮至入味,淋入香油,出锅即成。

胡萝卜煮百合

原材料 胡萝卜 400 克,百合 50 克,红枣 5 粒

盐 5 克,味精 3 克,香油少许,高汤适量

|制|作|方|法|

◎将胡萝卜洗净,去皮,切方形小块;百合洗净;红枣洗净,
切小块。

◎热锅上火,注入适量高汤,下胡萝卜、百合、红枣入锅,
加盖焖煮 10 分钟,至熟,烹入盐、味精调味,淋上香油,拌匀,
出锅即可。

水煮脆笋

原材料 干明笋 150 克,胡萝卜 100 克,红椒 1 个,香菜
10 克

食用油 15 毫升,料酒少许,胡椒粉 3 克,盐 5 克,
味精 4 克,姜 10 克

|制|作|方|法|

◎将干明笋用温水泡发,加料酒揉搓后洗净,切成丝;胡萝
卜洗净,切丝;姜洗净,切丝;红椒去籽、洗净,切丝;香
菜洗净,切段。

◎净锅上火,注入食用油烧热,下姜丝煸香,加入干明笋丝、
胡萝卜丝、红椒丝,注入适量清水,煮至笋熟,调入盐、味精、
胡椒粉,略焖入味,撒上香菜,出锅即可。

开水白菜

原材料 白菜心 500 克,干贝适量

盐 5 克,胡椒粉 2 克,味精 3 克,料酒 10 毫升,
高汤适量

|制|作|方|法|

◎将白菜心抽去筋,洗净,入沸水锅中焯至刚断生,捞出立
即入冷开水中漂凉;干贝洗净备用。

◎将白菜理好,放入汤碗中,加料酒、味精、盐、胡椒粉和
高汤,上笼用大火蒸透即可。

蛋黄奶白菜

原材料 咸蛋黄2个，奶白菜300克，番茄1个

调味料 盐5克，味精2克，鸡精2克，食用油、高汤各适量

|制|作|方|法|

◎将咸蛋黄入蒸锅中蒸熟，碾成末；奶白菜逐块洗净，备用；番茄洗净，切块。

◎净锅上火，注入食用油烧热，下入咸蛋黄炒香，加入番茄、奶白菜略炒几下，烹入高汤，调入盐、味精、鸡精，加盖煮约5分钟，至奶白菜入味即可。

鸡汤黑木耳

原材料 黑木耳300克，胡萝卜少许，西芹适量

调味料 盐4克，鸡精3克，鸡汤400毫升

|制|作|方|法|

◎黑木耳用温水浸泡30分钟，洗净，撕成块状；胡萝卜去皮，洗净，切片；西芹去叶，洗净，切片。

◎汤煲内注入鸡汤，放入泡发的黑木耳，以大火烧沸，改用小火熬煮约30分钟，加入胡萝卜、西芹片焖煮片刻，烹入盐、鸡精调味即可。

太阳蛋煮菠菜

原材料 鸡蛋1个，肉末50克，菠菜200克

调味料 姜末、蒜末各少许，盐5克，鸡精3克，酱油5毫升，高汤、食用油各适量

|制|作|方|法|

◎将菠菜去根，洗净，备用。

◎热锅注入食用油，烧热，下姜末、蒜末爆香，加入肉末煸炒熟，注入高汤，烧沸，加入菠菜，烹入盐、鸡精、酱油调味，最后将鸡蛋打入锅中，煮成荷包蛋即可。

咸蛋黄煮南瓜

原材料 南瓜300克，咸蛋黄2个

调味料 食用油30毫升，盐少许，白糖少许

|制|作|方|法|

◎将南瓜去皮、瓤，洗净，切成长条块；咸蛋黄上蒸笼蒸熟，碾成末，备用。

◎热锅注入食用油，烧热，倒入南瓜块煸炒，烹入适量清水、盐和白糖，加盖煮至南瓜熟，加入咸蛋黄末，大火收汁，装盘即可。

食在实惠：咸蛋黄味道偏咸，因此加盐时要适量。

金针生地鲜藕汤

原材料 黄花菜10克，生地5克，莲藕200克

调味料 盐1小匙

|制|作|方|法|

◎将黄花菜用清水泡发，洗净；生地洗净，备用。

◎将莲藕削皮，洗净，切块，放入汤锅中，注入适量清水，以大火煮沸，转小火续煮20分钟；加入生地、黄花菜，续煮约3分钟，加盐调味，起锅即可。

西湖莼菜羹

原材料 莼菜 250 克，虾仁 15 克，红椒 1 个

盐 5 克，香油、高汤各适量

|制|作|方|法|

◎将莼菜洗净，切段；红椒洗净，切丝；虾仁泡发备用。

◎锅中注入高汤，煮沸后下入莼菜、红椒丝、虾仁，再沸时加盐调味，出锅时淋上香油即成。

高汤煮腐皮

原材料 豆腐皮丝 300 克，上海青 50 克

盐 5 克，味精 3 克，胡椒粉 3 克，生抽 6 毫升，高汤 300 毫升，姜丝 10 克，香油适量

|制|作|方|法|

◎将豆腐皮丝氽水，冲凉待用；上海青洗净。

◎锅中加入高汤，倒入豆腐皮丝、上海青、姜丝，煮至豆腐皮丝软绵，下盐、味精、生抽、胡椒粉调味，再淋上少许香油即可。

水煮空心菜

原材料 空心菜 500 克

盐 5 克，鸡精 3 克，食用油适量

|制|作|方|法|

◎将空心菜择去黄叶、老梗，洗净，沥水备用。

◎净锅至旺火上，注水烧沸，滴入少许食用油，下空心菜入锅，加盐、鸡精，拌匀，盛出装入汤碗中即可。

翡翠羹

原材料 菠菜 50 克，胡萝卜 50 克，素火腿 50 克，金针菇 50 克，松子仁少许

盐 5 克，香油 8 毫升，生粉适量

|制|作|方|法|

◎将菠菜洗净，入搅拌机中打成汁；胡萝卜洗净，切丁；素火腿切丁；金针菇洗净，切末；松子仁洗净。

◎锅中下水烧开，下菠菜汁、胡萝卜、素火腿、金针菇、松子仁，焖煮 3 分钟。

◎用生粉勾芡，再将盐下入锅中，拌匀，淋上香油即可。

海带炖豆腐

原材料 豆腐 200 克，海带 100 克

盐 3 克，葱段 3 克，姜末少许，食用油适量

|制|作|方|法|

◎将海带浸泡至软，洗净后切小块；豆腐洗净，切大块，放入清水锅中，以大火煮沸，捞出，晾凉。

◎炒锅上火，注入食用油，烧热后下姜末煸香，加入海带，注入适量清水，烧沸后下豆腐块略煮，调入盐，改小火慢炖至豆腐入味时，撒上葱段，出锅即可。

一至五元素食

荠菜豆腐汤

原材料 嫩豆腐 200 克，荠菜 100 克

调味料 盐、味精、香油、姜末、素高汤、胡椒、湿淀粉
各适量，食用油适量

|制|作|方|法|

◎将嫩豆腐洗净，切丁；荠菜洗净，切碎备用。
◎炒锅上火，注入食用油，烧至七成热，加入素高汤、豆腐丁、
盐、胡椒、姜末、烧沸，放荠菜入锅，再次煮沸，加入味精，
用湿淀粉勾薄芡，淋上香油，出锅，装碗即成。

鸡汤荷包蛋

原材料 鸡蛋 3 个，带骨鸡肉 100 克

调味料 盐 5 克，味精 3 克，姜 20 克

|制|作|方|法|

◎将带骨鸡肉洗净，切小块，放入沸水锅中余去血水，捞出
备用；姜洗净，切片。
◎汤锅注水，烧沸，下姜片、带骨鸡肉入锅，煮约 30 分钟，
至鸡肉熟。
◎将鸡蛋打入汤锅中，煮成荷包蛋，加入盐、味精调味，出
锅即可。

老鱼汤炖豆腐

原材料 老豆腐 200 克

调味料 八角、茴香、盐、味精、食用油各适量，老鱼汤
500 毫升

|制|作|方|法|

◎将老豆腐用水冲洗干净，浸泡 10 分钟，取出，切成块。
◎热锅注入食用油，烧沸，下八角、茴香爆香，注入老鱼汤
烧沸，加入老豆腐，以小火炖煮 2 小时，加入盐、味精调味
即可。

菠菜豆腐汤

原材料 菠菜 200 克，豆腐 50 克，胡萝卜 10 克，黑木耳
10 克

调味料 盐 8 克，蘑菇精 3 克，白糖 1 克

|制|作|方|法|

◎将菠菜洗净，去根；豆腐洗净，切成小块；胡萝卜洗净，
去皮切丝；黑木耳洗净，用清水浸泡至软。
◎净锅上火，注入清水，烧沸后，放入豆腐、黑木耳略煮，
加菠菜、胡萝卜丝，煮至沸腾，调入盐、蘑菇精、白糖，改
以小火略煮入味，熄火起锅，装碗即成。

芹菜豆腐煲

原材料 豆腐 300 克，瘦猪肉 50 克，芹菜 30 克

调味料 盐 5 克，味精 3 克，鸡精 3 克，生抽 5 毫升，香
油少许

|制|作|方|法|

◎将豆腐洗切块；瘦猪肉洗净，切粒；芹菜洗净，切段。
◎锅中盛水烧开，将豆腐、瘦猪肉、芹菜一起下入锅中，加
盖焖煮 10 分钟。
◎将盐、味精、鸡精、生抽下入锅中，拌匀，再淋少许香
油即可。

青菜豆腐羹

原材料 豆腐 100 克，青菜 200 克

盐、鸡精、淀粉各少许

|制|作|方|法|

◎将豆腐洗净，切丁；青菜洗净，切成末。
◎清汤注入锅中，煮沸，将豆腐丁、青菜末下入锅中，煮 5
分钟，加盐、鸡精调味，再用淀粉勾芡即可。

皮蛋大白菜汤

原材料 皮蛋 1 个，大白菜 400 克，瘦猪肉 50 克

调味料 盐 5 克，味精 3 克，水淀粉、食用油各适量

|制|作|方|法|

◎将皮蛋去壳，切成块；大白菜洗净，切片；瘦猪肉洗净，
切片。
◎热锅注入食用油，烧热，注入适量清水，大火烧沸，依次
下肉片、大白菜、皮蛋入锅，再次煮沸，调入盐、味精，用
水淀粉勾芡，拌匀即可。

番茄蛋汤

原材料 番茄 2 个，鸡蛋 4 个，生菜适量，香菜少许

调味料 盐 5 克，味精 5 克，胡椒粉少许，食用油适量

|制|作|方|法|

◎将番茄去皮后切成片，生菜洗净，鸡蛋打成蛋液，搅匀。
◎锅中放少许食用油，下入番茄稍炒，注入清水烧沸，加入
生菜，煮至汤沸，打入蛋液，加盐、味精、胡椒粉调味，出
锅撒上香菜即可。

生菜丸子汤

原材料 猪肉丸子 300 克，生菜 200 克

调味料 鸡精、盐、食用油各适量，姜、葱各 10 克

|制|作|方|法|

◎将姜、葱洗净，切碎；生菜去黄叶，逐片拆洗干净，备用。
◎热锅注入食用油，烧热，下姜、葱入锅爆香，加入猪肉肉丸
拌炒几下，注入适量清水，大火烧沸，煮至肉丸熟透，加入
生菜略煮，调入盐、鸡精，拌匀即可出锅。

娃娃菜煮豆腐

原材料 娃娃菜 200 克，冻豆腐 100 克，虾仁 20 克

调味料 盐 6 克，味精 5 克，鸡精 5 克，胡椒粉 2 克，黄
酒少许，鸡汤 200 毫升，生粉适量，葱末少许

|制|作|方|法|

◎虾仁用温水加一点黄酒泡软，冻豆腐解冻后切成小块，娃
娃菜洗净，一分为四，备用。
◎锅内放入冻豆腐、娃娃菜和虾仁再加入鸡汤烧开，下入盐、
味精、鸡精、胡椒粉调味。
◎用小火再焖煮 15 分钟左右使其入味，用生粉勾薄芡，洒
上葱末即可。
食在实惠：虾仁用生粉加少许盐腌渍，可避免营养流失。

一至五元美食

蒜蓉西洋菜

原材料 西洋菜 400 克

调味料 盐 4 克，味精 2 克，蒜 10 克，食用油、高汤各适量

|制|作|方|法|

◎将西洋菜洗净，沥水备用；蒜去皮，切末。

◎热锅注入食用油，下蒜末爆香，注入少许高汤，烧沸，放入西洋菜，焖煮片刻，加盐、味精调味，大火收汁即可。

食在实惠：西洋菜中水分含量较高，制作此菜时高汤不宜放太多。

串烧鲜甜椒

原材料 大红椒 50 克，黄椒 50 克，青柿椒 50 克

调味料 烧烤酱 10 克

|制|作|方|法|

◎将大红椒、黄椒、青柿椒洗净后去籽，分别切成大块。

◎用小竹签将切成块的三种椒串好，再抹上烧烤酱，放在炭火上，先烧烤一面，翻过来再烧，烧至熟即可。

麻婆豆腐

原材料 豆腐 300 克，红、青椒末少许

调味料 盐 5 克，味精 4 克，白糖 1 克，食用油 10 毫升，胡椒粉 5 克，辣椒酱 5 克，生粉 3 克，香油少许

|制|作|方|法|

◎将豆腐洗净，切成小块，放入沸水锅中余烫 2 分钟，捞出，沥干水分。

◎热锅注入食用油，放入辣椒酱，煸炒出香，调入胡椒粉、盐、味精、白糖，拌匀，倒入豆腐，加少许水，小火焖至豆腐入味。

◎用生粉兑水勾少许薄芡，淋入锅中，大火收汁，滴入香油，即可出锅。

红焖干豆角

原材料 干豆角 200 克，五花肉 50 克

调味料 盐 6 克，白糖 8 克，鸡精 3 克，葱段、姜片、老抽、料酒各适量，花椒、大料、丁香、桂皮、豆蔻、香叶、陈皮各少许，食用油适量

|制|作|方|法|

◎将干豆角用热水完全泡开后洗净，控干水分；五花肉切成小块，放入沸水锅中余约 5 分钟，捞出，用温水冲净。

◎炒锅注入食用油，烧至五成热，加入白糖，边加热边用铲子搅，等白糖完全化开变成红棕色开始冒泡时把五花肉放进去翻炒，让糖浆均匀裹到肉外面，然后加老抽、料酒，接着翻炒，炒至五花肉收缩，放入葱段、姜片炒匀。

◎锅里加入温水，盖上锅盖，把花椒、大料、丁香、桂皮、豆蔻、香叶、陈皮放进锅里，一起炖 15 分钟左右，加盐、鸡精，再炖 10 分钟，加入干豆角，再炖 30 分钟至豆角熟即可。

彭公酱烧豆腐角

原材料 豆腐 200 克，香菇 10 克

调味料 彭公酱 50 克，油适量

|制|作|方|法|

◎将豆腐洗净后沥水，待用；香菇洗净泥沙后切成细条。

◎净锅坐火上，放油烧热后，将豆腐放入，炸成金黄色后捞出，沥油。

◎锅留少许底油，放彭公酱爆香，放入香菇、炸好的豆腐，再加入适量水，大火烧，收干汁后出锅即可。

食在实惠：因酱料里含有盐分，故此菜可以不加盐。

白糖烧板栗

原材料 板栗 250 克

白糖 100 克，生粉 50 克

|制|作|方|法|

◎将板栗加清水略煮，去壳、皮，上笼蒸熟，待板栗肉冷却后切粒状。

◎锅内加水、板栗肉、白糖，用大火烧沸，再用小火略焖，用生粉勾芡即可。

食在实惠：先用刀开口，最好是十字开口，同冷水一起放入锅里，旺火煮 5 分钟，不可太久，不然去外壳时里面的肉易碎。

长豆角茄子

原材料 茄子 300 克，长豆角 200 克

盐 5 克，味精 3 克，蚝油 3 毫升，生抽 2 毫升，姜末、蒜末各适量，干红辣椒 1 个，食用油适量

|制|作|方|法|

◎将长豆角去老筋，折成段，洗净，沥干水分；茄子洗净，切条；干红辣椒洗净，切小段。

◎热锅注入食用油，烧至七成热，下茄子入锅，炸至金黄色，捞出，沥油；下长豆角入锅，稍炸，捞出沥油。

◎锅留底油，下姜末、蒜末爆香，加入茄子、长豆角翻炒片刻，注入少许清水，调入盐、味精、蚝油、生抽，焖至入味，出锅即可。

食在实惠：豆角不宜炸太久，否则会影响口感。

家常豆腐

原材料 豆腐 300 克，木耳 30 克，红尖椒 50 克

大葱 10 克，盐 5 克，酱油 8 毫升，食用油适量

|制|作|方|法|

◎将豆腐切块，入煎锅中煎至金黄；木耳泡发好，洗净；红尖椒洗净，切圈；大葱洗净，斜切成段。

◎将木耳、椒圈分别下入开水中氽透。

◎锅中注入食用油烧热，下葱段煸香，加豆腐、木耳、椒圈入锅，注入适量清水，大火烧开，煮 5 分钟，至木耳熟透、豆腐滚烫，下盐、酱油调味即可。

葱烧秋木耳

原材料 木耳 300 克，大葱 100 克

蚝油、料酒、白糖、鸡粉、干淀粉、盐、食用油各适量

|制|作|方|法|

◎将木耳放入清水中，加一勺干淀粉（澄沙）和一勺盐（杀菌）拌匀，待木耳泡软后，捞出洗净；大葱洗净，切成段。

◎热锅注入食用油，烧热，下葱段爆香，放入木耳，以大火翻炒 2 分钟，烹入少许料酒、蚝油，调入白糖、盐，炒至木耳入味，出锅前撒上鸡粉，炒匀即可。

宫崎汁烧原条茄子

原材料 茄子 2 个，五花肉 10 克，鸡蛋清适量

姜、蒜末各 10 克，盐 5 克，生粉 15 克，宫崎汁、油适量

|制|作|方|法|

◎将茄子洗净，在茄子上打上花刀；五花肉洗净，剁成肉碎，再加盐、鸡蛋清、生粉拌匀。

◎将肉碎酿入茄子内，入六成热的油中炸 1 分钟，捞起沥油；再包入锡纸内，放炭火上烤 3 分钟。

◎锅中下油烧热，将宫崎汁、姜、蒜末下入锅中，煮开，淋在盛盘的茄子上即可。

一至五元美食

黄焖小土豆

原材料 小土豆 300 克

调味料 盐 5 克，味精 3 克，酱油少许，高汤 200 毫升，蒜末、姜末各适量，生粉少许，食用油适量

|制|作|方|法|

◎小土豆去皮，洗净，备用。

◎热锅注入食用油，爆香蒜末、姜末，下入小土豆翻炒片刻，倒入高汤，焖煮至土豆熟软，加入盐、味精、酱油调味，用少许生粉勾薄芡，大火收汁，出锅装盘即可。

葡烧茄子

原材料 茄子 300 克，海蜇皮 50 克

调味料 葡汁 50 毫升

|制|作|方|法|

◎将茄子洗净，去皮后切成大块；海蜇皮洗净后沥水，切成粒待用。

◎将大块的茄子用锡纸包好，整理成长方形的块，茄子上撒上海蜇皮粒，放入蒸笼中蒸 5 分钟。

◎将蒸好的茄子放至盘内，打开锡纸，淋上葡汁即可。

香菇焖豆腐

原材料 嫩豆腐 250 克，香菇 10 克，红椒 1 个，西兰花 20 克

调味料 盐 3 克，味精 2 克，鸡精 2 克，胡椒粉少许，食用油适量

|制|作|方|法|

◎将嫩豆腐放入清水中，浸泡片刻，切块；西兰花洗净，切成小朵；将豆腐块、西兰花分别放入沸水锅中氽烫片刻，盛出备用；香菇泡发，洗净，切块；红椒洗净，去籽，切块。

◎热锅注入食用油，烧热，下香菇爆炒，加入清水、豆腐、西兰花、红椒焖煮至熟，调入盐、味精、鸡精、胡椒粉，煮至入味即可。

烧熘土豆

原材料 土豆 300 克，瘦猪肉 50 克

调味料 食用油适量，盐 3 克，酱油 3 毫升，淀粉 5 克，花椒面 2 克，葱、姜末适量，味精少许

|制|作|方|法|

◎将土豆去皮洗净，以滚刀切块，入热油锅中过油炸熟，捞出，控油；将瘦猪肉洗净，切薄片。

◎净锅上火，注入食用油烧热，下葱、姜末、花椒面炝锅，放入肉片煸炒，待肉片变色时加酱油、盐、土豆块翻炒至熟，调入味精，用淀粉勾芡，出锅装盘即可。

红烧冬瓜

原材料 冬瓜 300 克，红椒 1 个

调味料 辣椒酱 15 克，盐 5 克，味精 3 克，香葱 20 克，料酒少许，姜末、蒜末少许，食用油适量

|制|作|方|法|

◎将冬瓜去皮，洗净，切成方块，打上十字花刀；红椒洗净，切碎丁；香葱洗净，切末。

◎热锅注入食用油，烧至七成热，下冬瓜，炸约 5 分钟，捞出。

◎锅留底油，下姜末、蒜末、辣椒酱爆香，放入冬瓜翻炒均匀，调入盐、味精、料酒、红椒丁，加适量清水，加盖焖至冬瓜入味，出锅装碗，撒上葱末即可。

串烧鲜冬菇

原材料 冬菇 200 克

老抽 5 毫升，烧烤酱 10 克，香油少许

|制|作|方|法|

◎将冬菇去蒂后洗去泥沙，用刀在冬菇的背面划十字花刀。
◎用竹签将冬菇串好，涂上老抽、烧烤酱稍腌渍，放入火上烧烤，烤至将熟，淋入香油即可。

三鲜豆腐钵

原材料 青笋 20 克，胡萝卜 20 克，豆腐 400 克，木耳 15 克

盐、味精、鸡精各适量，高汤 200 毫升

|制|作|方|法|

◎将青笋、胡萝卜去皮、切长条，木耳洗净，切条；豆腐洗净，切条；将备好的青笋、胡萝卜、豆腐、木耳分别放入沸水锅中汆烫至熟，捞出备用。
◎净锅上火，注入高汤，烧沸，下青笋、胡萝卜、木耳入锅略煮，加入豆腐，焖煮至熟，调入盐、味精、鸡精，焖约 5 分钟，入味出锅即可。
食在实惠：豆腐余水一定要久一点，不仅能除去酸味，还能减少焖煮时间。

蒜蓉茄子

原材料 茄子 400 克

辣椒酱 10 克，蒜末 20 克，葱 10 克，盐 5 克，味精 2 克，红油 5 毫升，食用油适量

|制|作|方|法|

◎将茄子洗净、去皮，切成条，放入七成热的油锅中，炸至金黄色，捞出，沥油备用；葱洗净，切成葱末。
◎锅留少许食用油，下蒜末、辣椒酱煸炒出香，加入茄子和少许清水，焖至熟软，烹入盐、味精，拌匀入味，淋上红油，大火收汁，盛出装盘，撒上葱末即可。

鱼香茄子

原材料 茄子 1 个，猪肉碎 100 克，咸鱼碎少许，红椒丝 5 克

豆瓣酱 4 克，生抽、老抽各 3 毫升，蒜末 8 克，白糖少许，蚝油、高汤、油各适量

|制|作|方|法|

◎烧熟油将茄子炸透（约 4 分钟），然后沥干油备用；咸鱼碎预先蒸熟备用。
◎用蒜末起镬，放入猪肉碎炒香，再放入咸鱼碎，加入豆瓣酱及红椒丝调味，再炒至干身。
◎放入茄子及 1 碗高汤，最后放入蚝油、白糖、生抽及老抽调味，再煮 2 分钟，出锅装入砂煲即可。

南岳焖豆腐

原材料 嫩豆腐 350 克，韭菜 50 克，红椒 25 克

盐 6 克，味精 4 克，鸡精 3 克，酱油 10 毫升，胡椒粉 3 克，香油 4 毫升，食用油 20 毫升

|制|作|方|法|

◎将嫩豆腐洗净，切块，放入沸水锅余一下水，捞出装碗，淋入酱油，腌渍上色，待用；韭菜洗净，切段；红椒洗净，切丝。
◎净锅上火，注入食用油烧热，下韭菜、红椒丝略炒，倒入嫩豆腐，调入盐、味精、鸡精、胡椒粉，注入少许清汤，加盖焖煮至豆腐入味，淋入香油出锅即成。

一至五元美食

番茄烩包菜

原材料 番茄 50 克，包菜 400 克

调味料 盐 5 克，味精 3 克，食用油适量

|制|作|方|法|

◎番茄洗净，切成块；包菜洗净，切成片，放入沸水锅中余烫后捞出，沥水备用。

◎热锅注入食用油，下入番茄爆香，加入包菜翻炒片刻，调入盐、味精炒匀即可。

冬瓜烩杂菌

原材料 冬瓜 100 克，平菇 10 克，茶树菇 10 克，鸡腿菇 10 克，草菇 10 克

调味料 盐 5 克，鸡精 2 克，食用油适量

|制|作|方|法|

◎将所有的菇类洗净，用手撕成小块，备用。

◎将冬瓜洗净，去皮，做成冬瓜盅，一边用刀切成锯齿状，一边切平，冬瓜入锅内蒸熟，备用。

◎净锅坐火上，注入食用油烧热，下所有的菌菇入锅，翻炒片刻，加盐、鸡精调味出锅，倒入蒸熟的冬瓜盅内，即可食用。

火腿烩黄豆

原材料 火腿 150 克，黄豆 200 克，青碗豆 50 克

调味料 盐 5 克，鸡粉 8 克，醋 6 毫升，香油、高汤各适量

|制|作|方|法|

◎将火腿切粒；黄豆用水泡发；青碗豆洗净。

◎将火腿、黄豆、青碗豆下入锅中，再下入盐、鸡粉及适量高汤，煮 20 分钟。

◎将醋下入锅中，拌匀，再淋上香油即可。

食在实惠：醋经长时间的高温后容易变质，因此要至菜将出锅前下醋。

油菜芋儿

原材料 上海青 150 克，芋头 300 克

调味料 盐 5 克，味精 3 克，醋 8 毫升，高汤、香油各适量

|制|作|方|法|

◎将上海青洗净；芋头洗净后切成块。

◎锅中下入高汤烧开，将芋头块下入锅中，焖煮 10 分钟至熟。

◎将上海青下入锅中，再下盐、味精，煮至菜入味，再淋上醋、香油即可出锅。

酿豆腐

原材料 豆腐 300 克，红、青椒末少许

调味料 盐 5 克，味精 4 克，白糖 1 克，食用油 10 毫升，胡椒粉 5 克，辣椒酱 5 克，生粉 3 克，香油少许

|制|作|方|法|

◎豆腐洗净，切成小块，放入沸水锅中余烫 2 分钟，捞出，沥干水分。

◎热锅注入食用油，放入辣椒酱，煸炒出香，调入胡椒粉、盐、味精、白糖，拌匀，倒入豆腐，加少许水，小火焖至豆腐入味。

◎用生粉兑水勾少许薄芡，淋入锅中，大火收汁，滴入香油，即可出锅。

杏香烩什锦

原材料 炸香的杏仁片少许，西兰花 50 克，花椰菜 50 克，胡萝卜 50 克，红椒 30 克，草菇 50 克

调味料 盐 5 克，味精 3 克，姜、蒜末 10 克，食用油适量

|制|作|方|法|

◎将西兰花、花椰菜洗净，切朵；胡萝卜洗净，切片；红椒洗净，切成条状；草菇洗净备用。

◎将西兰花、花椰菜、红椒、草菇入沸水中焯透，捞起沥水。

◎锅中注入食用油烧热，爆香姜、蒜，将西兰花、花椰菜、胡萝卜、红椒、草菇下锅中翻炒，再将炸香的杏仁片下入锅中拌炒，下盐、味精调味，出锅盛盘即可。

南瓜汁烩豆腐

原材料 豆腐 300 克，南瓜 150 克，蟹柳 20 克，芦笋 10 克

调味料 盐 5 克，鸡精 2 克，高汤适量

|制|作|方|法|

◎将豆腐洗净，用模具制成带花纹的圆柱形状；蟹柳洗净；芦笋洗净后切成段。

◎将南瓜洗净后蒸熟，制成南瓜蓉，加高汤后制成南瓜汁。

◎将豆腐入锅内，加南瓜汁，大火烧开后，烩 5 分钟，加芦笋和蟹柳，再烩 2 分钟后加盐、鸡精调味即可。

脆豆腐

原材料 老豆腐 500 克，红尖椒 30 克

调味料 盐 5 克，鸡精 3 克，豆瓣酱 10 克，葱 30 克，食用油、高汤适量

|制|作|方|法|

◎将老豆腐切成块；红尖椒洗净，切圈；葱洗净，切段。

◎煎锅中注入食用油，烧热，将老豆腐下入锅中，煎至两面金黄。

◎炒锅中注入食用油烧热，将椒圈、豆瓣酱炒香，下老豆腐块，再下适量高汤，大火烧开，再加盐、鸡精调味，盛入干锅中，再撒上葱段即可。

剁椒肉末煎豆腐

原材料 老豆腐 500 克，青蒜苗 20 克，肉末 100 克

调味料 盐 5 克，味精 3 克，豆瓣酱 8 克，剁椒 50 克，食用油、蒜末各适量

|制|作|方|法|

◎将老豆腐切块；青蒜洗净，切段。

◎将老豆腐块下入煎锅，用油双面煎至焦黄，备用。

◎炒锅放食用油烧热，下姜末炝锅，下肉末翻炒变色后加料酒、生抽，下蒜末、剁椒及煎好的豆腐翻炒，再加适量水，煮沸，撒上青蒜苗即可。

五花肉烩甘蓝菜

原材料 紫甘蓝 150 克，五花肉 50 克

调味料 盐 5 克，胡椒粉 3 克，蒜末 6 克，生粉 15 克，香叶少许，高汤、油各适量

|制|作|方|法|

◎将紫甘蓝洗净，切丝；五花肉洗净，切丝，用盐、生粉腌入味。

◎净锅上火，注油烧热，下五花肉入锅中滑一下油，捞出，沥油备用。

◎锅留少许底油，烧热，炒香蒜末、香叶，加入五花肉，注入高汤，焖煮片刻，加入紫甘蓝，烩熟，下盐、胡椒粉调味，盛盘即可。

虎皮尖椒

尖椒 500 克

香醋 30 克，白糖 18 克，酱油 15 毫升，绍酒少许，蒜末、食用油适量

|制|作|方|法|

◎将香醋、白糖、酱油、绍酒混合，兑成调料汁；尖椒洗净，去蒂，去籽，剖成两半。

◎净锅上火，烧热后投入尖椒用小火焙至表皮出现斑点时，放入蒜末、少许食用油煸炒一下，烹入兑好的调料汁，拌炒均匀，即可出锅。

荷兰豆煎藕饼

莲藕 200 克，荷兰豆 50 克，猪肉 50 克，面粉适量，鸡蛋 1 个

盐 8 克，味精 5 克，白糖 3 克，油适量

|制|作|方|法|

◎将莲藕刮去皮，切成藕夹，洗净；荷兰豆余熟备用；猪肉洗净，剁成末；鸡蛋磕碎取蛋液，与面粉、水和成糊。

◎将盐、味精、白糖拌入猪肉末中，拌匀。

◎将猪肉末灌入藕夹中，裹上糊，入油锅中炸至金黄色，捞出摆盘，用荷兰豆围边装饰即可。

紫苏煎黄瓜

黄瓜 500 克，紫苏 50 克，红尖椒 30 克

盐 5 克，味精 3 克，红油 50 毫升，生抽 5 毫升，葱末 8 克，食用油适量，香油少许，姜末、蒜末各少许

|制|作|方|法|

◎将黄瓜洗净，去蒂，斜刀切成片；红尖椒切圈；紫苏洗净，切碎。

◎锅置旺火上，注入食用油，烧至六成热，下黄瓜煎至两面金黄，盛出，沥油。

◎净锅上火，注入食用油烧热，下姜末、蒜末爆香，倒入黄瓜翻炒片刻，再加入盐、味精、生抽、紫苏、红尖椒圈炒拌入味，淋上香油，再撒上葱末即可。

香煎豆干

豆腐 300 克

鸡精适量，鲜酱油少许，盐 5 克，食用油适量

|制|作|方|法|

◎将豆腐用流水冲洗后切成长块状。

◎将酱油、盐、鸡精和少量清水搅拌均匀待用。

◎平底锅倒适量食用油，待油烧至七成热，放入豆腐条，调成中火，豆腐块煎成金黄色后加入调好的汁料，待锅开后继续以中火煮 2 分钟即可出锅。

玉米烙

玉米粒 300 克，蛋黄 2 个，面粉适量

食用油、白糖、炼乳各适量

|制|作|方|法|

◎将玉米粒洗净，放少许食用油、白糖、两个蛋黄，加一点炼乳，最后加入面粉，搅拌均匀。

◎锅中注入食用油烧热，下入玉米，摊平并用手轻轻抖动并转动锅，使玉米饼凝固不粘锅。

◎以小火煎 5 ~ 6 分钟，至玉米烙煎成形，倒出油，再出锅改刀、装盘即可。

菜圃煎蛋

|原材料| 菜圃 300 克，鸡蛋 3 个

|调味料| 盐 4 克，食用油适量

|制|作|方|法|

◎将菜圃入清水中洗净，入沸水中稍焯后捞出，沥水后切成碎末，挤干水分，放入碗中。

◎将鸡蛋打入碗中，加少许盐，与菜圃一起搅拌均匀。

◎净锅置火上，注入食用油烧热，倒入菜圃鸡蛋液，煎至金黄色后，翻面再煎至熟即可。

香焗南瓜

|原材料| 南瓜 300 克，咸蛋黄 2 个

|调味料| 生粉 50 克，葱末少许，油适量

|制|作|方|法|

◎南瓜去皮，切成 5 厘米长、0.5 厘米宽的长条备用。

◎锅置火上，放油，将南瓜条裹上生粉，入四成热油锅中，炸至南瓜条稍软后，捞出控油。

◎把多余的油倒出来，然后锅内留少许油，把切碎后的咸蛋黄放进去翻炒，炒至起泡，再放入炸好的南瓜条翻炒均匀，撒上葱末，装盘即可。

平锅煎豆腐

|原材料| 白豆腐 500 克，香菜少许

|调味料| 水豆粉、葱末各 30 克，食用油 150 毫升，豆瓣酱 30 克，酱油 10 毫升，味精 2 克，料酒 2 毫升，清汤 250 毫升

|制|作|方|法|

◎将白豆腐洗净，切成方块；豆瓣酱剁成细末，备用。

◎平锅上火，注入食用油，烧至六成热，将白豆腐块逐片放入锅中，煎至两面金黄后盛出。

◎锅留底油，下豆瓣酱炒香，烹入清汤、酱油、料酒，放入煎好的豆腐块，改用微火烧至入味，调入味精、水豆粉焖煮片刻，收浓汤汁，撒上葱末、香菜即可。

野艾煎蛋

|原材料| 野生艾叶 200 克，鸡蛋 3 个

|调味料| 盐、香油、胡椒粉、食用油各适量

|制|作|方|法|

◎将野生艾叶去梗留叶，浸泡清洗干净；将鸡蛋打成蛋液。

◎洗净的艾叶切成碎末，放入容器中，加入打散的蛋液，加盐、香油和少许胡椒粉顺时针搅拌均匀成糊状。

◎平底锅上火，注入食用油，烧热，将艾叶鸡蛋糊倒入锅内，煎至两面金黄，出锅切成三角形装盘即可。

苦瓜煎蛋

|原材料| 鸡蛋 3 个，苦瓜 80 克

|调味料| 鸡精适量，鱼露 1 大匙，盐、食用油适量

|制|作|方|法|

◎将苦瓜用牙刷刷洗干净，切开对半挖出内部的籽，再切成薄片。

◎将苦瓜用盐拌匀，放置腌制 10 分钟，然后用手将苦瓜片抓捏去除水分。

◎加入三个鸡蛋打散，加入鱼露、鸡精调匀。

◎锅烧热，加入 1 大匙食用油烧热，倒入蛋液，并用筷子将表面的苦瓜片摊均匀；用小火煎至表面微黄色，表面的蛋液凝结后，翻面再煎，煎至表面金黄盛出。

香炸芋头

原材料 芋头 300 克，熟澄面 150 克，面包糠适量

调味料 五香粉少许，盐 4 克，白糖 5 克，猪油、食用油适量

|制|作|方|法|

◎将芋头洗干净，削皮后入蒸笼中蒸熟，加入熟澄面搅拌均匀，再加入适量盐、五香粉、白糖拌匀，最后加入猪油，搅拌均匀后放入冰箱冷冻，即为芋头面团。

◎芋头面团平分成 10 份，用擀面棍开成芋头状的椭圆形，入面包糠内裹上一层面包糠。

◎锅中放入食用油，烧至七成热，将芋角放入，慢慢炸至金黄色浮起，捞出沥干油即可。

脆皮炸南瓜

原材料 老南瓜 200 克，面粉 100 克，鸡蛋 1 个

调味料 盐 3 克，味精 2 克，食用油适量

|制|作|方|法|

◎将老南瓜去皮、去籽后洗净，切成条状。

◎将面粉用适量水、鸡蛋调成面糊，加入盐、味精、食用油搅匀。

◎将南瓜条沾上面糊，放入热油锅中炸成金黄色即可。

潮州炸豆腐

原材料 老豆腐 300 克

调味料 食用油食用

糖醋汁 白糖、香醋各 10 毫升

|制|作|方|法|

◎将老豆腐切成长块。

◎将糖醋汁充分搅拌，至白糖溶化，以小碟盛好备用。

◎锅内倒入适量食用油，大火烧至八成热，将老豆腐一块块入锅。炸至金黄色时，沥干油装盘，配糖醋汁蘸食即可。

炸什锦蔬菜

原材料 土豆 1 个，青椒 1 个，胡萝卜 1 根，葱 1 根

调味料 a：中筋面粉 1 杯，蛋 1 个，盐 5 克，水 80 毫升
b：橄榄油适量　c：酱油 8 毫升，白糖 8 克，熟白芝麻 5 克，冷开水适量

|制|作|方|法|

◎将土豆去皮、洗净；青椒洗净、去籽；胡萝卜洗净。将三种材料分别切成长粗条状，备用。

◎将调味料 a 倒入一个大口容器中，混合拌匀后，加入所有切好的蔬菜条，均匀地挂上糊后备用。

◎锅中注入调味料 b，烧热，将上好浆的蔬菜条分次放在锅铲上，排成长条后放入锅内，以中火炸成金黄色，取出，用吸油纸略吸油分再排盘。

◎将葱切成细末后，拌入调味料 c 中，调匀，作为蘸料，与蔬菜条一起上桌即可。

椒盐莲藕饼

原材料 莲藕 200 克，虾仁 50 克，面粉、肉松各适量

调味料 蚝油 5 毫升，盐 5 克，椒盐 5 克，姜、蒜、葱末各少许，食用油适量

|制|作|方|法|

◎将莲藕洗净，切成片；虾仁洗净，剁成泥，与肉松混合搅匀，烹入蚝油、盐调味，调制成馅料；面粉中兑入少许清水，搅打均匀，撒上少许葱末，制成面粉糊。

◎取两片莲藕，在莲藕中间的各个小洞中灌入馅料，放入面粉糊中，上浆。

◎热锅注入食用油，烧至六成热，将裹好面粉糊的藕夹下锅中，炸至藕夹色泽金黄，捞出沥油。

◎锅留少许底油，烧热，爆香姜、蒜，将藕夹下入锅中，加入椒盐炒至入味即可。

炸茄盒

原材料 茄子 400 克，猪肉 100 克，面粉适量，鸡蛋 1 个

调味料 盐 4 克，味精 3 克，香油 4 毫升，水淀粉 2 克，
食用油适量

|制|作|方|法|

◎将茄子洗净，去皮，切成夹刀片；猪肉洗净，剁成泥，用盐、
味精、香油、少许水淀粉拌匀，制成馅料，裹入茄子片中；
将鸡蛋打入面粉中，兑入食用油，拌匀，制成脆皮糊，放入
茄子片上浆，备用。
◎将上好浆的茄子放入烧热的油锅中炸至金黄色，捞出，沥
油，装盘即可。

金沙脆茄

原材料 茄子 200 克，脆面糊 100 克，面包糠 50 克

调味料 盐 5 克，蘑菇精 5 克，白糖 3 克，食用油 500 毫
升

|制|作|方|法|

◎茄子洗净，切成条，放入脆面糊中上浆。
◎热锅注入食用油，放入茄子条略炸后，捞出，沥油。
◎锅留底油，烧热后倒入面包糠，翻炒片刻后加入炸好的茄
子同炒，调入盐、蘑菇精、白糖，炒至入味，盛出装盘即可。

香椿素鸡腿

原材料 鲜豆腐皮 150 克，面包糠、面粉适量

调味料 香椿酱 10 克，素蚝油 8 毫升，食用油适量

|制|作|方|法|

◎将鲜豆腐皮切成宽 2 厘米的条，用凉水稍微浸泡，捞起沥
干水分，再用香椿酱、素蚝油拌入味。
◎将拌好的豆腐皮紧紧地卷在竹签上，卷成鸡腿状。
◎将面粉加水调成糊状，将卷好的素鸡腿沾上面糊、面包糠，
入六成热的油锅中炸至金黄即可。

炸脆奶

原材料 粟粉 40 克，鲜奶 375 毫升，蛋白适量，面包糠
适量

调味料 食用油适量，盐少许，砂糖 10 克

|制|作|方|法|

◎将粟粉和鲜奶拌匀，加入食用油、盐和砂糖调味，慢火煮
成糊状，煮的时候要不停地搅拌。
◎鲜奶糊快开的时候就熄火，分 3 次将蛋白倒入鲜奶糊里，
并且加的时候要迅速搅入拌匀。
◎将糊倒入已涂油的条状盘内，待冷，放入冰箱冻 1～2 小
时，让糊结成糕状。
◎倒出鲜奶糕，切件，沾上面包糠，放入八成热的油内炸至
香脆金黄，隔干油分，沾上砂糖即可食用。

炸春卷

原材料 春卷皮 5 张，叉烧肉 25 克，韭黄 25 克，凉薯 25 克，
胡萝卜 25 克

调味料 盐 3 克，味精 3 克，白糖 3 克，香油 4 毫升，蚝
油 3 毫升，生粉 15 克，食用油适量

|制|作|方|法|

◎叉烧肉、凉薯、胡萝卜切丝，韭黄切段备用。
◎热油锅，下入叉烧肉、凉薯、胡萝卜、韭黄炒匀，加盐、味精、
白糖、香油、蚝油炒至入味，用生粉勾芡后盛出备用。
◎将春卷皮切成正方形，将炒好的馅料放入包好，粘紧，放
入油锅中炸熟即可。

烤花菜

原材料 花菜 200 克

调味料 盐 5 克，胡椒粉 3 克，孜然粉 2 克，辣椒粉 5 克，食用油适量

| 制 | 作 | 方 | 法 |

◎将花菜洗净，掰成小朵，用盐、胡椒粉、孜然粉、辣椒粉拌匀，腌渍 20 分钟。

◎将腌好的花菜用竹签串好，刷上食用油，放在炭火上烤熟即可。

食在实惠：花菜是一种含水量比较少的食物，一定要在小火上慢烤才易熟透。

烤青椒

原材料 青椒 200 克

调味料 盐、酱油、胡椒粉、辣椒粉、食用油各适量

| 制 | 作 | 方 | 法 |

◎将青椒洗净，控干水分，用竹签串起来。

◎在青椒上刷一层食用油，放在炭火上面均匀烤，烤到青椒起泡时刷上酱油、盐、胡椒粉、辣椒粉，烤至入味即可。

烤香菇

原材料 香菇 200 克

调味料 盐、胡椒粉、酱油、食用油、辣椒粉、孜然粉各适量，葱末少许

| 制 | 作 | 方 | 法 |

◎将香菇放入清水中，浸泡至软，用竹签串起来。

◎将香菇放在炭火上，烤干水分，刷上食用油，依次均匀地撒上盐、胡椒粉、酱油、辣椒粉、孜然粉，烤至入味，装盘，撒上葱末即可。

烤土豆

原材料 土豆 100 克

调味料 盐、酱油、食用油、辣椒粉、孜然粉各适量

| 制 | 作 | 方 | 法 |

◎将土豆去皮洗净，切成均匀的薄片，用竹签串起来，放入清水中浸泡片刻。

◎在土豆片上刷上一层食用油，放在炭火上翻烤至熟，刷上一层酱油，撒上盐、辣椒粉、孜然粉，略烤即可。

烤韭菜

原材料 韭菜 200 克

调味料 盐、味精、胡椒粉、食用油、辣椒粉、孜然粉各适量

| 制 | 作 | 方 | 法 |

◎将韭菜洗净，沥水后用竹签串好。

◎在韭菜两面都刷上食用油，放在炭火上，两面翻烤，至七成熟时，撒上盐、味精、胡椒粉、辣椒粉、孜然粉，续烤 1 分钟左右，入味即可。

烤茄子

原材料 茄子 400 克

调味料 香油少许，盐 5 克，姜、葱、蒜、鸡精、生抽、食用油各适量

|制|作|方|法|

◎将茄子去蒂，洗净，一剖为二。
◎姜、蒜、葱洗净，均切成末。
◎把茄子皮朝下，放在炭火上烤 2 分钟，至茄子有点变软后，在茄肉上抹一层食用油，再将蒜末、姜末、盐、鸡精、生抽、食用油、少许水拌匀抹在茄肉上，继续烤 5 分钟，至茄肉软烂时取出，撒上葱末，滴几滴香油即可。
食在实惠：烧烤燃料最好选择木炭，香味浓郁且价格实惠，尽量不要用化学炭。

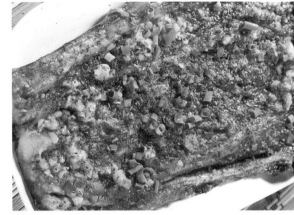

烤藕片

原材料 莲藕 200 克

调味料 盐、酱油、辣椒粉、胡椒粉、食用油各适量

|制|作|方|法|

◎将莲藕洗净，切成薄片。
◎把切好的莲藕片用竹签串起来，放在炭火上烤。
◎撒上盐，用刷子均匀地刷上食用油和酱油，撒上辣椒粉、胡椒粉，烤至出香味即可。

烤金针菇

原材料 金针菇 200 克

调味料 盐、味精、酱油、香油各适量，葱末少许

|制|作|方|法|

◎将金针菇洗净，控干水分，用盐腌制片刻，放在烤网上，刷上适量香油、酱油，在炭火上翻烤约 3 分钟。
◎将烤好的金针菇装入盘中，调入味精，拌匀，撒上葱末即可。

烤四季豆

原材料 四季豆 200 克

调味料 盐、胡椒粉、酱油、食用油、辣椒酱、孜然粉各适量

|制|作|方|法|

◎将四季豆洗净，择成长度均匀的段。
◎把四季豆用竹签串起来，放在炭火上烤。
◎在四季豆上均匀地刷上食用油和酱油，烤至四季豆熟透后，再撒上盐、胡椒粉、辣椒酱和孜然粉即可。

烤玉米

原材料 玉米 1 个

|制|作|方|法|

◎将玉米摘去须，洗净，用竹签串起来。
◎把玉米放在炭火上不时地转动，使玉米受热均匀，均匀地烤成焦黄色即可。
食在实惠：玉米烤制时最好保持原味，不要加任何调味料。

一至五元美食

五至十元美食

橙汁瓜条

原材料 老冬瓜 400 克

调味料 橙汁 500 毫升，柠檬汁 15 毫升，白糖 20 克

|制|作|方|法|

◎将老冬瓜去皮、瓤，切成条状。
◎净锅上火，注入适量清水，烧沸后下冬瓜条煮至八成熟，捞出，沥水晾凉。
◎将煮好的瓜条放入白糖、橙汁和柠檬汁混合的果汁中浸渍，密封好后放入冰箱冷藏，约 24 小时即可。

凉拌老鼠耳

原材料 水发老鼠耳 200 克，红椒 1 个

调味料 盐 6 克，白糖 2 克，蒜末 10 克

酱醋汁 陈醋、酱油各 5 毫升，香油、味精、高汤各少许

|制|作|方|法|

◎将红椒去籽，洗净，切成细丝。
◎将水发老鼠耳放入沸水锅中焯烫断生后捞出沥水，装入盘中。
◎将盐、蒜末、白糖撒入老鼠耳中，加入酱醋汁，拌匀，撒上红椒丝即可。

芥菜百叶卷

原材料 芥菜 300 克，薄百叶 1 张

调味料 盐 5 克，味精 1 克，鸡粉 5 克，白糖 2 克

|制|作|方|法|

◎将芥菜洗净，放入沸水锅中氽烫至熟，盛出，沥干水分，切碎，调入盐、味精、鸡粉、白糖，充分拌匀，备用。
◎将薄百叶用清水略泡后，放入沸水锅中过一下水，捞出晾凉，沥干水分。
◎将晾凉后的薄百叶铺平，包入适量的芥菜，卷成卷，斜切成 5 厘米左右长的段，整齐地围摆入盘中即可。

雪梨泡菜

原材料 雪梨 200 克，大白菜 50 克，青瓜 50 克，西芹 50 克，胡萝卜 1 个，红椒 1 个

调味料 老泡菜水 500 毫升

|制|作|方|法|

◎将雪梨洗净，去皮、核，切块；青瓜、西芹、大白菜、红椒、胡萝卜分别洗净，切成条。
◎把切好的大白菜、雪梨、青瓜、西芹、红椒、胡萝卜放入老泡菜水中浸泡 1 天，捞出装盘即可食用。

手撕蒜薹

原材料 蒜薹 200 克

调味料 食用油、鸡精、盐、酱油、醋、美极鲜味汁、香油各适量，蒜末少许

|制|作|方|法|

◎将蒜薹掐头去尾，洗净备用。
◎净锅上火，注入适量清水，烧沸后调入少量食用油、盐，放入蒜薹氽烫片刻，捞出沥干水分。
◎将蒜薹每根一撕为二，放入碗内，再依次加入盐、鸡精、食用油，拌匀略腌片刻，加入美极鲜味汁、香油、蒜末、酱油、醋，拌匀即可。

马兰头拌香干

原材料 马兰头 300 克,香干 4 块

调味料 香油、盐各适量

|制|作|方|法|

◎将马兰头洗净,入沸水锅中稍微焯烫一下,捞出,挤干水分;将香干冲洗干净,放入沸水锅中,煮约1分钟后捞出,沥干水分,备用。

◎将马兰头和香干分别剁碎,然后混合,加入香油和盐,拌匀。

◎将拌好的马兰头和香干装入碗中,压紧,然后倒扣在盘子中,揭开碗即成。

素手卷

原材料 苜蓿芽 50 克,素火腿丝 50 克,青瓜丝 50 克,胡萝卜丝 50 克,素肉松 50 克,番茄 10 克,生菜叶 2 张,海薹 1 大张,油炸核桃仁、熟白芝麻少许

调味料 沙拉酱 20 克

|制|作|方|法|

◎番茄洗净,切片备用;海薹切分成 2 半,分别铺平。

◎在海薹上依次铺上生菜叶、苜蓿芽、素火腿丝、青瓜丝、胡萝卜丝、油炸核桃仁,卷成卷,撒上素肉松、熟白芝麻,淋入沙拉酱,摆上番茄片即可。

桂花蜜山药

原材料 铁棍山药 300 克

调味料 桂花蜜 700 毫升

|制|作|方|法|

◎铁棍山药去皮洗净,切条,入沸水锅中氽烫断生,捞出沥水。

◎将沥干水的山药放入盛器中,倒入桂花蜜,浸泡一夜,放入冰箱中冷藏。食用时取出装盘即可。

葱油金针菇

原材料 金针菇 300 克,黄花菜 200 克,红椒 1 个,香菜少许

调味料 盐 5 克、葱末 20 克,食用油 20 毫升,味精适量

|制|作|方|法|

◎将金针菇、黄花菜分别洗净;红椒洗净、切丝;香菜洗净,切段。将金针菇、黄花菜分别放入沸水锅中氽烫至熟,捞出沥干。

◎将葱末用食用油炸香,加入盐、味精拌匀,制成葱油。

◎将金针菇、黄花菜放入碗中,调入葱油汁,再加入红椒丝、香菜拌匀即可。

茼蒿干张卷

原材料 茼蒿 100 克,千张 100 克,素肉松 50 克

调味料 橄榄油 5 毫升、盐 10 克、山珍精 10 克、白糖 5 克

|制|作|方|法|

◎茼蒿洗净,入沸水锅中氽烫至熟,捞出剁碎,挤干水分,调入盐、山珍精、白糖,拌匀;千张用清水略泡后,放入沸水锅中氽烫过水,捞出晾凉,沥干水分。

◎热锅注少许橄榄油,放入素肉松,调入少许盐、山珍精、白糖,翻炒至熟,盛出,倒入菜碎中,拌匀备用。

◎将晾凉后的千张逐个铺平,包入适量的菜肉碎,卷成卷,整齐地摆入盘中即可。

酸辣裙带菜

原材料 裙带 300 克，辣椒 30 克

调味料 蒜 20 克，姜 20 克，盐 3 克，味精 3 克，香醋 10 毫升，辣椒油 10 毫升

|制|作|方|法|

◎将裙带洗净，斜刀切片，浸泡清水中，去咸味，然后入沸水中焯熟，捞出，过冷水。

◎将蒜去皮，切片；辣椒洗净，斜刀切段；姜洗净切片。

◎将裙带放入盘中，加入蒜片、辣椒和姜片，与盐、味精、香醋、辣椒油拌匀即可。

拌三丝

原材料 胡萝卜 100 克，海带 150 克，粉丝 200 克

调味料 盐 5 克，香醋 10 毫升，生抽 8 毫升，葱 30 克，香油少许

|制|作|方|法|

◎将胡萝卜洗净，切成丝；海带洗净，切丝；粉丝用水泡发；葱洗净，切成葱末。

◎将胡萝卜丝、海带丝入开水锅中焯熟，捞出备用；粉丝下入开水锅中煮熟，捞出沥水。

◎将胡萝卜丝、海带丝、粉丝放入盘中，撒上葱末，再淋上用盐、香醋、生抽、香油调成的味汁即可。

干椒鹅肠

原材料 新鲜鹅肠 500 克

调味料 盐 10 克，味精 10 克，干辣椒 50 克，葱末、蒜末各少许，香油 5 毫升，食用油适量

|制|作|方|法|

◎将新鲜鹅肠洗净，切成段，放入沸水锅中煮熟后捞出，晾凉，装盘；干辣椒洗净，切成节，备用。

◎锅中注食用油，调入盐、味精、干辣椒节、蒜末爆香炒匀，盛出，淋在鹅肠上，最后淋入香油，撒上葱末即可。

凉拌双色

原材料 海带芽 20 克，金针菇 200 克，枸杞少许

调味料 酱油 1 大匙，姜丝适量，盐、鸡精、醋、香油少许

|制|作|方|法|

◎将海带芽泡软，金针菇洗净，分别焯熟；枸杞用热开水泡洗，捞出备用。

◎将海带芽、金针菇、姜丝放入碗中，加酱油、盐、鸡精、醋、香油拌匀即可。

卤鸭脖

原材料 鸭脖 150 克，黄瓜 100 克，熟白芝麻、香菜适量

调味料 卤水、香油、盐、辣椒油、蒜、老姜各适量

|制|作|方|法|

◎将鸭脖洗净，去皮、切段；老姜、蒜、香菜均洗净，切末；黄瓜切片，排入盘中，备用。

◎将鸭脖放入沸水锅中焯去血水，撇去浮沫，捞出，沥干水分，再放入卤水中，以小火煨约 30 分钟，取出，晾凉，斩件，排放在黄瓜上。

◎净锅上火，放入辣椒油，烧热，加老姜末、蒜末、盐、少许卤水，小火煨香，盛出，淋在鸭脖上，再撒上香油、熟白芝麻即可。

红油鸡胗

原材料 鸡胗 300 克，香菜少许

红油汁 红油 20 毫升，盐 5 克，味精、白糖、香油各适量

|制|作|方|法|

◎将鸡胗洗净，下入沸水锅中煮至熟软，取出晾凉。

◎将煮好的鸡胗切成片，摆入盘中，淋上红油汁，撒上香菜，拌匀即可。

卤水鸭胗

原材料 鸭胗 300 克，熟白芝麻 5 克

卤水适量

|制|作|方|法|

◎将鸭胗洗净，放入烧沸的卤水中卤 40 分钟。

◎将卤好的鸭胗取出，晾凉后切片，再撒上熟白芝麻，浇上少许卤水即可。

泡椒凤爪

原材料 鸡爪 400 克

盐 5 克，味精 2 克，白糖 6 克，姜片、蒜末少许，野山椒 1 瓶

|制|作|方|法|

◎将鸡爪洗净，放入沸水锅中汆去血水；再另起锅，注入适量清水，放鸡爪煮熟，捞出放入冷开水中浸凉，待用。

◎将 1 瓶野山椒连汁水一起倒入泡坛中，下入鸡爪，调入盐、味精、白糖、姜片、蒜末拌匀。

◎将泡坛加盖密封，浸泡 1 天，至鸡爪入味即可。

凉拌海藻

原材料 绿海藻 100 克，白海藻 100 克，黑木耳 10 克，香菜、红椒丝各少许

姜末 3 克，盐 2 克，山珍精 2 克，白糖 1 克，香醋 2 毫升，辣椒油 5 毫升，食用油 5 毫升，花椒油 1 毫升，芥末酱 3 克

|制|作|方|法|

◎绿、白海藻洗净，挤干水分，备用；黑木耳洗净，用清水泡软，备用；香菜洗净切段。

◎将备好的绿、白海藻、木耳、红椒丝分别入沸水中汆烫，捞出沥干水分，晾凉后放入冰箱冰镇 1 小时，装入盛器中。

◎调入香菜、姜末、盐、山珍精、白糖、香醋、辣椒油、食用油、花椒油拌匀，上桌时配一碟芥末酱即可。

盐水鸡胗

原材料 鸡胗 300 克，红椒适量，香菜少许，熟白芝麻 10 克

盐、花椒、香油、食用油各适量，姜、葱、蒜、辣椒酱各少许

|制|作|方|法|

◎将鸡胗洗净，放在一个可密封的玻璃容器里。

◎将盐和花椒下入干净的炒锅中，小火炒制，直至盐微微发黄，趁热把盐和花椒倒入装鸡胗里，和匀、封好，放入冰箱，腌制 2 天。

◎食用时，先将鸡胗上的浮盐洗掉，下入锅中，加冷水，大火煮熟后捞出，晾凉，改刀切条，装入盘中；红椒洗净，切菱形片；香菜洗净，切段。

◎净锅上火，注入少许食用油，下姜、葱、蒜、辣椒酱入锅煸香，加红椒块略炒，盛出，淋在鸡胗上，滴入香油，撒上香菜和熟白芝麻，拌匀即可。

鱼皮拌花生

原材料 花生米 200 克，鱼皮 100 克，青、红椒各 1 个，香菜少许

调味料 盐、味精、香醋、食用油各适量

|制|作|方|法|

◎将鱼皮用温水泡开，洗净，切丝，放入沸水中汆烫片刻，立即捞出，备用；青、红椒洗净，切丝；香菜洗净，切碎。

◎将花生米用清水泡发后，捞出沥干水分，放入油锅中炸熟，盛出，控油。

◎将花生米、鱼皮用盐、味精、香醋调制而成的味汁拌匀，最后撒上青椒、红椒、香菜即可。

口水鹅肠

原材料 鹅肠 300 克，熟白芝麻、花生仁适量

调味料 花椒油 5 毫升，白糖 5 克，芝麻酱 5 克，香油 5 毫升，姜片、蒜末共 15 克，大葱段 3 克，小葱节 2 克，料酒 5 毫升，油酥辣椒 8 克，醋 5 毫升，味精、盐、花椒、酱油各适量

|制|作|方|法|

◎将鹅肠在沸水中汆烫后，捞起用清水冲干净；锅中加水烧约至 70 度时放入鹅肠、小葱节、姜片、花椒、料酒、盐，待鹅肠煮至断生时捞出，待冷后切成条状。

◎将酱油、蒜末、芝麻酱、油酥辣椒、花椒油、白糖、醋、味精、香油、熟白芝麻、花生仁、大葱段放入小碗中调成汁。

◎将鹅肠盛入盘中，淋上调味料即可。

芥末鱼皮

原材料 鱼皮 200 克，青椒 1 个，红椒 1 个

调味料 美极鲜酱油 50 毫升，芥末 20 克

|制|作|方|法|

◎将鱼皮洗净，切丝，入沸水锅中汆烫片刻，捞出后放入清水中漂凉；青、红椒洗净，切成丝。

◎将青、红椒丝与鱼皮丝拌匀，装入盘中，配芥末、美极鲜酱油食用。

卤猪尾

原材料 猪尾巴 1 根

调味料 卤汁 1000 毫升

|制|作|方|法|

◎将猪尾巴的毛除净，放入滚水中汆烫约 3 分钟，捞出洗净。

◎将卤汁煮滚后，放入猪尾巴，以小火慢卤 40 分钟，捞出，切段，装盘即可。

豆角茶树菇炒茄子

原材料 茶树菇 80 克，豆角 100 克，茄子 150 克，胡萝卜 30 克

调味料 盐 5 克，味精 3 克，鸡精 3 克，胡椒 3 克，生抽 8 毫升，姜末、蒜末各少许，食用油适量

|制|作|方|法|

◎将茶树菇、豆角洗净，切段；茄子、胡萝卜分别去皮，洗净，切成条。将茶树菇、豆角、胡萝卜分别放入沸水锅中焯水；茄子放入六成热的油锅中滑一下油，捞出，沥油备用。

◎热锅注食用油，烧热，爆香姜末、蒜末，下入茶树菇、豆角、茄子、胡萝卜翻炒至熟，调入盐、味精、鸡精、胡椒、生抽，炒至入味，出锅即可。

苦瓜炒火焙鱼

原材料 苦瓜 200 克，小鱼仔 200 克，红尖椒 30 克

调味料 豆豉、蒜片、酱油、盐、醋、花椒粉各适量，食用油少许

|制|作|方|法|

◎将小鱼仔去鳞、内脏，洗净后沥干；红尖椒洗净，切圈；苦瓜去籽、洗净，切长块，备用。

◎净锅上火，注入少许食用油，烧热后转至微火，逐条将小鱼仔轻轻地围摆在锅中，至全部放完，转至小火，逐渐转动油锅（转锅不转鱼），将鱼仔的一面焙至金黄后，关火，待锅晾凉后，轻轻将鱼仔翻面摆好，以小火将鱼的另一面焙好，盛出装碗。

◎热锅注入少许食用油，放入蒜片炒出香味，加豆豉、红尖椒圈炒香，放入苦瓜略炒，加入焙好的小鱼，煸炒片刻，用酱油、花椒粉、醋、盐调成汁淋入锅中，掺入少许清水，翻炒至锅中汤汁收干，起锅装碗即可。

尖椒芽菜炒蛋

原材料 鸡蛋 4 个，青椒 50 克，红尖椒 50 克，芽菜 50 克

调味料 盐 5 克，葱末适量，食用油适量

|制|作|方|法|

◎将青椒、红尖椒分别洗净，切成丁；芽菜淘洗干净，切末；鸡蛋打入碗内，加入青椒、红尖椒、芽菜、盐，与蛋液一起拌匀。

◎锅中注食用油，烧热，下拌好的鸡蛋液入锅中煎制，炒散，出锅，撒上葱末即可。

炒农家四宝

原材料 玉米笋 50 克，香菇 100 克，番茄 2 个，青瓜 1 个

调味料 盐、味精、鸡精、胡椒粉、油各适量

|制|作|方|法|

◎玉米笋洗净切成块，香菇洗净切片，番茄切块，青瓜切条。

◎锅中放水把玉米笋、香菇氽透后捞出。

◎锅中注油，下入番茄、青瓜、玉米笋、香菇和盐、味精、鸡精、胡椒粉，炒至入味即可。

鸡腿菇炒腐竹

原材料 腐竹 200 克，鸡腿菇 10 克，胡萝卜 30 克

调味料 盐 5 克，味精 3 克，醋 6 毫升，生抽 8 毫升，食用油适量，葱 1 根，姜末、蒜末、胡椒粉少许

|制|作|方|法|

◎将腐竹用温水泡发好，捞出切段；鸡腿菇洗净，切块；葱切段；胡萝卜切片。

◎锅中下食用油烧至四成热，将鸡腿菇滑油，捞起沥油。

◎锅中留少许底油，煸炒姜末、蒜末，将腐竹、鸡腿菇、葱段、胡萝卜下入锅中翻炒 2 分钟，再下盐、味精、生抽、醋、胡椒粉调味即可。

豆角肉末炒榄菜

原材料 豆角 200 克，肉末 100 克，橄榄菜 50 克，红椒碎少许

调味料 盐 5 克，味精 3 克，生抽 5 毫升，醋 6 毫升，姜末、蒜末、油少许

|制|作|方|法|

◎将豆角洗净，切粒；肉末加盐拌匀；橄榄菜洗净。

◎锅中下油烧热，炒香姜末、蒜末、红椒碎，将肉末下入锅中炒熟，盛出备用。

◎另锅下油烧热，将豆角、橄榄菜下入锅中，炒至断生，将肉末下入锅中，再下盐、味精、生抽、醋，炒匀入味即可。

芥兰炒鱼片

原材料 芥兰 200 克，鱼肉 200 克，红椒 30 克，鸡蛋清
适量

调味料 盐 5 克，味精 3 克，生抽、醋各 5 毫升，姜、蒜、
生粉、油少许

|制|作|方|法|

◎将芥兰洗净，去叶留梗，切段；鱼肉洗净，剔出鱼骨，剁
成鱼蓉，加入鸡蛋清、盐、生粉拌匀。
◎将鱼蓉挤成一个个的小剂子，在热水中余成片，捞起待用。
◎热锅注油，烧热，爆香姜、蒜，将芥兰、红椒下入锅中炒
至断生，再将鱼蓉片下入锅中炒熟，加盐、味精、生抽、醋
调味即可。

鱼香肉丝

原材料 猪肉 350 克，水发玉兰片 50 克，水发木耳 25 克

调味料 盐 3 克，姜 5 克，蒜 10 克，葱 10 克，泡红尖椒 15 克，
食用油 50 毫升，酱油 10 毫升，醋 5 毫升，白糖
15 克，味精 2 克，生粉 25 克

|制|作|方|法|

◎猪肉切成丝，加盐、生粉拌匀，腌渍片刻。
◎水发玉兰片、水发木耳洗净，切成丝；泡红尖椒剁成末；
姜、蒜切细末；葱洗净，切成葱末。
◎用酱油、醋、白糖、味精、生粉、盐及水兑成芡汁。
◎炒锅置旺火上，注入食用油烧热，下肉丝炒散，加入泡
红尖椒、姜、蒜末炒出香味，再放木耳丝、玉兰片炒匀，
烹入芡汁，撒上葱末，迅速翻簸，再起锅装盘即成。

韭菜炒核桃仁

原材料 韭菜 300 克，核桃仁 50 克

调味料 盐 6 克，味精 3 克，食用油适量

|制|作|方|法|

◎将韭菜洗净，切成段；核桃仁洗净，沥水备用。
◎热锅注食用油，烧至五成热，倒入核桃仁，炸熟后捞出，
沥油；锅留少许底油，倒入韭菜略炒，加核桃仁、盐、味精，
炒匀入味，起锅装盘即可。

韭黄炒鸡蛋

原材料 韭黄 50 克，豆芽 100 克，胡萝卜 50 克，鸡蛋 2 个

调味料 盐、鸡精各少许，食用油适量

|制|作|方|法|

◎将韭黄洗净，切段；豆芽洗净，摘去芽尖；胡萝卜洗净，
切丝；鸡蛋磕入碗中，加少许盐，搅打均匀。
◎将韭黄、豆芽、胡萝卜分别放入沸水锅中焯水备用。
◎锅中注食用油烧热，下鸡蛋液入锅炒熟后盛出；热锅重新
注食用油，烧热后下韭黄、豆芽、胡萝卜丝炒熟，加入炒好
的鸡蛋，烹入盐、鸡精，炒拌均匀即可。

野山菌炒大白菜

原材料 野山菌 100 克，大白菜 250 克

调味料 酱油、盐、味精、花椒粉、葱末、湿淀粉、食用
油各适量

|制|作|方|法|

◎将野山菌摘洗干净；选大白菜中段或菜心去菜叶，切成片。
◎炒锅上火，放入食用油，烧热，下花椒粉、葱末，随即下
入白菜片煸炒，炒至白菜片油润明亮时放入野山菌，加酱油、
盐、味精，炒拌均匀，炒至白菜片、野山菌入味，用湿淀粉
勾芡，即可出锅装盘食用。

肉丝炒白菜

原材料 瘦肉 100 克，大白菜 200 克，香菜 20 克

调味料 食用油适量，香油 5 毫升，盐、鸡精、淀粉、料酒、白胡椒粉各少许

| 制 | 作 | 方 | 法 |

◎将瘦肉切丝，加淀粉、料酒、白胡椒粉拌腌 10 分钟；大白菜去叶留梗，切段，用盐抓腌一下，洗净沥干水分；香菜洗净，切成小段。

◎净锅注食用油，烧热，下肉丝炒至断生，再放入白菜梗翻炒，烹入盐、鸡精翻炒均匀，淋入香油，撒上香菜即成。

西芹百合炒腰果

原材料 胡萝卜 50 克，西芹 100 克，百合 50 克，腰果适量

调味料 盐 5 克，鸡精 8 克，生抽 6 毫升，食用油少许

| 制 | 作 | 方 | 法 |

◎将胡萝卜洗净，切片；西芹洗净，切段；百合、腰果洗净，放入沸水锅中焯熟，捞出，沥水备用。

◎热锅注食用油，烧热，下腰果炸香，放入胡萝卜、西芹翻炒至熟，加入百合、盐、鸡精、生抽，翻炒入味即可。

茶树菇炒芹菜

原材料 茶树菇 100 克，芹菜 100 克，红椒 50 克

调味料 盐 5 克，味精 3 克，鸡精 3 克，生粉、香油各少许，姜末、蒜末各 5 克，食用油适量

| 制 | 作 | 方 | 法 |

◎将茶树菇泡发好，洗净，切成段；芹菜洗净，切成段；红椒洗净，切丝。

◎热锅注水，烧沸后加入少许盐，放入茶树菇、芹菜、红椒丝，焯烫片刻，出锅沥水备用。

◎净锅注食用油，煸香姜末、蒜末爆香，放入茶树菇、芹菜、红椒丝同炒至熟，调入盐、味精、鸡精，用生粉勾少许薄芡，淋入香油，炒匀，出锅装盘即可。

香菇炒青瓜

原材料 香菇 250 克，青瓜 100 克

调味料 高汤 150 毫升，水淀粉 10 毫升，食用油、香油、盐、味精适量

| 制 | 作 | 方 | 法 |

◎香菇温水泡发洗净去蒂，切成薄片；青瓜洗净削皮，斜切薄片。

◎锅中放少许食用油，烧至六七成热，下香菇、味精、高汤，大火烧开，转小火焖煮 15 分钟左右，至香菇吸入汤汁软熟时，再转大火收汁。

◎放入青瓜、盐炒匀，水淀粉勾薄芡，颠炒几下，淋上香油，起锅装盘即可。

豆角炒占地菇

原材料 占地菇 300 克，长豆角 50 克，红椒 1 个

调味料 盐 5 克，鸡精 8 克，姜丝 10 克，食用油适量

| 制 | 作 | 方 | 法 |

◎将占地菇洗净，放入沸水锅中汆水后，捞出备用；长豆角洗净，切段，放入沸水锅中焯透；红椒洗净，切丝。

◎净锅上火，注食用油烧热，下姜丝煸香，加入占地菇、长豆角、红椒翻炒均匀，调入盐、鸡精，炒至入味即可。

酸菜炒肉末

原材料 酸白菜 200 克，猪肉 100 克

调味料 盐 5 克，干辣椒 15 克，味精 3 克，葱末、姜末、食用油各适量

|制|作|方|法|

◎将酸白菜洗净，切碎；猪肉剁成末；干辣椒切碎备用。

◎锅内放少许油，煸干酸白菜，盛起。

◎另起锅，下食用油烧热，爆香姜末，下入肉末、干辣椒翻炒至香，再放入酸白菜，烹入盐、味精翻炒均匀，撒上葱末即可。

三椒肉末

原材料 猪肉 200 克，青椒 50 克

调味料 盐 5 克，味精 3 克，剁椒 30 克，泡白椒 50 克，姜末、蒜末、食用油各适量

|制|作|方|法|

◎将青椒洗净、切碎；泡白椒切碎；猪肉洗净，剁成肉末。

◎净锅上火，注食用油，下入肉末炒香，调入盐，炒至入味，盛出。

◎热锅注食用油，下入姜末、蒜末、剁椒、青椒、泡白椒炒香，加入肉末、盐、味精，翻炒均匀，即可出锅。

家乡回锅肉

原材料 带皮五花肉 150 克，尖椒 10 克，青蒜 100 克

调味料 盐 5 克，味精 3 克，胡椒粉 2 克，姜末、蒜末各适量，食用油适量

|制|作|方|法|

◎将带皮五花肉洗净，放入沸水锅中煮熟，捞出晾凉，切片；将青蒜洗净，切段；尖椒洗净，切成丝。

◎净锅上火，注食用油烧热，爆香姜末、蒜末，下入尖椒、青蒜、带皮五花肉爆炒 2 分钟，调入盐、味精、胡椒粉，炒匀即可。

洞庭小炒肉

原材料 猪肉 200 克，尖椒 300 克

调味料 剁椒 10 克，蒜、姜各 8 克，盐 5 克，鸡精 3 克，酱油、料酒、醋各 6 毫升，豆豉、油适量

|制|作|方|法|

◎尖椒洗净，一剖为二；猪肉洗净，切片；姜切丝；蒜切片。

◎锅中下油烧热，放入姜丝、蒜片，爆出香味后，将肉片倒入锅中，加适量盐，煸炒至九成熟，盛起。

◎另锅下油烧热，下入尖椒炒至熟软，再将肉片倒入锅中，加入盐、剁椒、醋、酱油、料酒、豆豉、鸡精，翻炒炒匀，即可装盘。

青椒剔骨肉

原材料 猪仔排骨 200 克，尖椒 100 克

调味料 味精 2 克，鸡精 2 克，蒸鱼豉油 5 毫升，盐、姜、蒜、五香粉各少许，油适量

|制|作|方|法|

◎将猪仔排骨煮熟，剔去骨头取肉，加五香粉拌匀，入油锅中过油。

◎尖椒洗净，切圈；姜、蒜切末。

◎热油锅，放入尖椒圈、姜末、蒜末炒香，下入剔骨肉、蒸鱼豉油及味精、鸡精、盐炒至入味即可。

咸蛋黄玉米粒

原材料 玉米粒 200 克，熟咸鸭蛋黄 2 个，玉米淀粉 50 克
调味料 盐适量，味精少许，食用油适量

|制|作|方|法|

◎将玉米淀粉放入容器中，加入洗净的玉米粒，搅拌和匀；熟咸鸭蛋黄切至碎末状，待用。

◎炒锅置旺火上，注入食用油，烧至七成热，放入玉米粒炸约两分钟后捞出，控油。

◎净锅上火，注食用油，下入咸蛋黄、玉米粒翻炒，炒至玉米粒干香时，加入盐、味精翻炒均匀，起锅盛盘即可。

食在实惠：炸玉米粒油温不要过高，以防炸得过干，玉米变老。

玉米炒肉松

原材料 玉米粒 300 克，肉松 50 克，青豆 100 克
调味料 盐 5 克，鸡精 3 克，生抽 5 毫升，色抽油适量

|制|作|方|法|

◎将玉米粒、青豆洗净后备用。

◎锅中下食用油烧热，将玉米粒、青豆、肉松下入锅中，翻炒 2 分钟，再下少许水焖煮 5 分钟，至水分收干，下盐、鸡精、生抽，翻炒匀即可。

苦瓜炒肥肠

原材料 苦瓜 200 克，肥肠 200 克，红尖椒 20 克
调味料 盐 5 克，酱油 10 毫升，淀粉 15 克，醋 5 毫升，味精 3 克，葱、姜、蒜各少许，食用油适量

|制|作|方|法|

◎将苦瓜洗净，切片；肥肠洗净，切片，余水后捞起沥水，再用盐、淀粉拌匀腌一会；红尖椒洗净，切成椒圈。

◎净锅注食用油，烧至六成热，将肥肠下入油锅中滑油，捞起沥油。

◎锅留少许底油，烧热，炒香葱、姜、蒜及椒圈，再将苦瓜下入锅中炒软，下肥肠，翻炒 2 分钟，再将盐、酱油、醋、味精下入锅中，炒匀入味即可。

山梨炒猪肝

原材料 山梨 2 颗，猪肝 300 克，青葱 1 根
调味料 盐少许，香油 2 毫升，食用油适量

|制|作|方|法|

◎将猪肝洗净，切成薄片，加入少许盐涂抹均匀至入味；山梨洗净，削皮，切成薄片，放入盐水中防止变色；青葱洗净，切斜段。

◎锅中倒入适量食用油，烧热，爆香青葱，放入猪肝炒熟，加入香油略拌，最后加入山梨片，拌炒均匀即可盛盘。

小炒猪肝

原材料 猪肝 300 克，红椒 1 个，洋葱 50 克
调味料 姜片 10 克，葱 20 克，蒜 10 克，干辣椒 30 克，酱油、盐、味精、水淀粉、料酒、白糖、食用油各少许

|制|作|方|法|

◎将猪肝洗净，擦干水分，切成薄片，放入盆中，加盐、水淀粉拌匀，腌渍片刻；红椒、洋葱、蒜分别洗净切片；葱、干辣椒分别洗净切段。

◎炒锅注食用油，烧至七成热，下猪肝入油锅中滑散，捞出待用。

◎锅留少许底油，烧热，放入蒜片、姜片、洋葱、干辣椒煸炒出香味，再放入猪肝、红椒、葱段、料酒、酱油、盐、白糖、味精翻炒几下，用水淀粉勾薄芡，淋上少许食用油即可。

五至十元・素食

泡椒脆肚

原材料 猪肚 300 克，泡椒 100 克

调味料 盐 5 克，鸡精 3 克，辣椒油 5 毫升，豆瓣酱 10 克，大葱 50 克，姜、蒜各适量，食用油适量

|制|作|方|法|

◎将猪肚洗净，用开水氽透，捞出晾凉后切块；大葱洗净切段。

◎锅中注食用油烧热，爆香姜、蒜、豆瓣酱，再下猪肚爆炒3分钟。

◎将泡椒、大葱、盐、鸡精下入锅中，再加适量水，焖煮5分钟，至汤汁收浓，再淋上辣椒油即可。

宫保鸡丁

原材料 鸡肉 250 克，花生米 150 克

调味料 花椒粒 3 克，盐 5 克，白糖 5 克，味精 3 克，黄酒 10 毫升，香醋 8 毫升，淀粉、豆瓣酱、蒜末、葱白各适量，干辣椒适量，食用油适量

|制|作|方|法|

◎将鸡肉洗净，切成丁；花生米洗净，沥水备用；干辣椒洗净，切段；葱白洗净，切小段；将黄酒、盐、白糖、味精调成味汁，备用。

◎净锅注食用油，烧至六成热，下鸡丁滑油，盛起沥干油；花生米在油中炸熟，捞出沥油。

◎锅内留少许底油，烧至六成热，投入花椒粒和干辣椒爆香，放入豆瓣酱、葱段、蒜末煸炒出香，倒入鸡丁，烹入味汁和香醋，翻炒均匀，立即熄火，放入花生米，拌匀即可出锅。

炝锅腰片

原材料 猪腰 250 克

调味料 盐 8 克，味精 3 克，鸡精 3 克，淀粉 8 克，老抽 8 毫升，蒜 50 克，姜 20 克，干辣椒 150 克，食用油适量

|制|作|方|法|

◎将猪腰切片，入沸水锅中氽烫后捞出；干辣椒切段；蒜、姜剁成末。

◎净锅注食用油，烧热，爆香干辣椒、姜、蒜，下腰片爆炒片刻，再加入盐、味精、鸡精、老抽翻炒，用淀粉勾芡，出锅时淋上食用油即可。

爆炒肚丝

原材料 猪肚 400 克，蒜薹 50 克，红椒丝少许

调味料 盐、味精、料酒、姜片、蒜末、油各适量

|制|作|方|法|

◎将猪肚洗净，入蒸锅中蒸熟后取出，切成丝；将蒜薹洗净，切成段。

◎热锅注油，下入姜片、蒜末爆香，加入肚丝、红椒丝、蒜薹、料酒、盐、味精炒熟即可。

蒜薹炒腊猪耳

原材料 腊猪耳 300 克，蒜薹 100 克，红尖椒 50 克

调味料 盐少许，味精 3 克，鸡精 3 克，食用油适量

|制|作|方|法|

◎将腊猪耳洗净，切成片；蒜薹洗净切段；红尖椒切圈。

◎锅中放水烧开，下入腊猪耳烫后捞出，沥干水分。

◎锅中放食用油，下入红尖椒圈、蒜薹炒至八成熟时，下入腊猪耳、鸡精、味精炒至入味即可。

南瓜炒牛肉

原材料 嫩南瓜 150 克，牛肉 200 克，红椒 1 个

调味料 盐 6 克，鸡精 5 克，食用油 10 毫升，酱油 8 毫升，姜、蒜末各少许

|制|作|方|法|

◎将嫩南瓜洗净，切片；牛肉洗净，切成小片；红椒洗净，切片。
◎热锅下食用油，下入牛肉片过油，至肉片色白时捞出，倒入漏勺沥干油分。
◎锅底留油，加入南瓜片略炒，再下入盐、鸡精、酱油、姜末、蒜末，翻炒均匀即可。

咸菜炒猪肚

原材料 咸菜 100 克，猪肚 250 克

调味料 盐 1 克，味精 2 克，鸡精 2 克，白糖 1 克，姜片 15 克，蒜片 10 克，葱段 10 克，蚝油 2 毫升，辣椒酱 3 克，食用油 40 毫升，生粉水 15 毫升，胡椒粉 2 克，豆豉 3 克

|制|作|方|法|

◎将咸菜洗净切块，焯水 5 分钟；将猪肚洗净，放入煲中，煲约 1 小时至熟软，捞出切成条。
◎将烧锅下食用油，放入姜片、蒜片、葱段、胡椒粉炒香，加入咸菜、猪肚翻炒均匀后，再加少许清水约约 1 分钟。
◎将盐、味精、鸡精、白糖、蚝油、辣椒酱、豆豉加入锅中炒匀入味，用生粉水勾芡即可。

薯条炒爽肚

原材料 土豆 200 克，蜂窝肚 150 克，洋葱、尖椒各适量

调味料 盐 8 克，味精 5 克，咖喱粉 5 克，花雕酒少许，油适量

|制|作|方|法|

◎将土豆洗净，切成条；蜂窝肚洗净，切成条；洋葱切条；尖椒切丝。
◎将土豆下入五成热的油中炸成金黄色，蜂窝肚放入沸水中煮至熟烂。
◎锅中下油烧热，下入洋葱、尖椒丝、蜂窝肚、土豆，烹入花雕酒，放盐、味精、咖喱粉，炒至入味即可。

酸辣腰花

原材料 猪腰 250 克

调味料 盐 10 克，味精 10 克，胡椒粉 5 克，蒜末、姜末各少许，食用油适量，野山椒 20 克，酸萝卜 15 克，红尖椒 20 克，盐、味精、胡椒粉、蒜末、姜末、朝天椒各适量

|制|作|方|法|

◎将猪腰撕去皮膜，片成两半，再片去腰膜洗净，切凤尾花刀。
◎将酸萝卜切丁；朝天椒洗净、切圈；野山椒切开、备用。
◎热锅注食用油，下入野山椒、酸萝卜、红尖椒、朝天椒腰花翻炒片刻，加入盐、味精、胡椒粉、蒜末、姜末，炒至入味即可。

辣爆腰花

原材料 猪腰 250 克，香菜 30 克，红尖椒适量

调味料 姜片 10 克，淀粉 5 克，料酒 10 毫升，酱油 10 毫升，盐、鸡精、油各适量，老干妈辣酱 50 克，蒜少许

|制|作|方|法|

◎将猪腰用刀剖去臊心，反复冲洗干净，再入清水中泡 15 分钟；红尖椒洗净切圈；香菜切成段。
◎沥干猪腰水分，切成麦穗刀，用酱油、姜片、料酒、淀粉腌制 10 分钟。
◎起锅倒油，烧至七成热时，下入腰花过油至熟，倒入漏勺沥干。
◎锅内留底油，下姜、蒜、红尖椒和香菜炒香，下老干妈辣酱快速炒匀，入腰花爆炒，加适量盐、鸡精调味，出锅装盘即可。

雪菜冬笋炒羊肉

原材料 雪菜 50 克，冬笋 100 克，羊肉 200 克，红椒 20 克

调底料 盐 8 克，味精 5 克，白糖 6 克，香油 10 毫升，
食用油适量

|制|作|方|法|

◎将冬笋、羊肉、红椒分别洗净，切片。

◎将锅中下食用油烧热，下羊肉片、冬笋片入油锅中过一下
油，捞出备用。

◎将锅中油盛出，留底油少许，下雪菜略炒片刻，放入肉片、
冬笋片、红椒片、盐、味精、白糖，炒匀，出锅前淋上香油即可。

奶汤冬笋

原材料 冬笋 200 克

调底料 湿淀粉、鸡油少许，味精 5 克，盐 5 克，奶汤
500 毫升

|制|作|方|法|

◎将冬笋剥去壳，撕去里面的细皮，切掉笋根，清洗干净，放
入沸水锅中氽透，捞出放入冷水中过凉，取出，沥水后切成丝。

◎净锅上火，注入奶汤，烧热，加入盐、味精、冬笋，以旺
火烧沸，移至微火上，煨约 2 分钟，再转旺火，用湿淀粉勾芡，
收汁，淋入鸡油，出锅即可。

素三蒸

原材料 南瓜 300 克，豇豆 300 克，米粉 300 克

调底料 盐 9 克，味精 6 克，鸡精 6 克，蒜蓉汁适量，香油、
葱末各适量

|制|作|方|法|

◎将南瓜洗净，切块；豇豆洗净，切段；米粉洗净，入温水
浸泡至软，切成长段。

◎将南瓜、豇豆、米粉分别用盐、味精、鸡精拌匀，盛入蒸
笼中，上火蒸约 20 分钟，取出，淋上蒜蓉汁、香油拌匀，
撒上葱末即可。

丝瓜竹荪汤

原材料 丝瓜 200 克，竹荪 20 克

调底料 盐 5 克，味精 3 克，清汤适量

|制|作|方|法|

◎将丝瓜洗净，去皮，切块；竹荪洗净，泡发好。

◎锅中注入清汤，烧沸，将竹荪、丝瓜放入锅中，大火煮约
10 分钟，调入盐、味精，搅匀入味，出锅即可。

清蒸竹笙芦笋

原材料 芦笋 100 克，竹笙 20 克，百合 20 克，枸杞 5 克，
红尖椒圈 5 克

调底料 生粉 5 克，盐 5 克，味精 5 克，白糖 3 克

|制|作|方|法|

◎百合洗净备用；枸杞用清水浸泡至软；竹笙取其裙裾洗净，
泡软。

◎芦笋洗净，用竹笙裙裾裹紧，整齐地摆入盘中，放入蒸锅中，
蒸熟后取出。

◎净锅上火，注入少许水，加枸杞、百合熬成白汁，调入盐、
味精、白糖，生粉勾少许薄芡淋入锅中，略煮，出锅淋在芦笋、
竹笙上，加红尖椒圈装饰即可。

鸡汤煮蹄筋

原材料 牛蹄筋 100 克，上海青 20 克，火腿 10 克，水发木耳 10 克

调味料 盐 5 克，味精 3 克，鸡精 3 克，鸡汤 300 毫升

|制|作|方|法|

◎将牛蹄筋泡发，洗净，放入沸水锅中氽烫后捞出；上海青洗净，切成小片；水发木耳洗净，泡发至软；火腿切片，备用。

◎将鸡汤注入锅中，烧沸，下牛蹄筋入锅，煮约 10 分钟，加入火腿片、水发木耳续煮 5 分钟，最后放入上海青略煮片刻，调入盐、味精、鸡精，拌匀即可。

粉蒸肉

原材料 猪五花肉 400 克，蒸肉米粉 100 克，香菜少许

调味料 酱油 10 毫升，胡椒粉 3 克，料酒 10 毫升，葱、姜适量，食用油 60 毫升

|制|作|方|法|

◎将葱切成葱末；姜捣烂后用少许清水浸泡，做成姜水。

◎将猪五花肉切成薄片，用食用油、酱油、姜水、胡椒粉、蒸肉米粉拌匀，放入碗中。

◎蒸锅中加水，大火烧开，将米粉肉放入蒸笼，上屉调大火蒸 60 分钟至熟透，取出后翻扣在盘中，撒上葱末、香菜即可。

芋头蒸排骨

原材料 排骨 300 克，芋头 200 克

调味料 料酒、酱油各 5 毫升，蒜末 15 克，盐 5 克，胡椒粉、生粉少许

|制|作|方|法|

◎将排骨洗净，斩成段，拌入一半的盐、蒜末、料酒、酱油、胡椒粉腌 10 分钟，加少许生粉拌匀；将芋头去皮，切小块，用少许的盐抓匀。

◎将芋头铺在碗底，上面摆上腌好的排骨，放沸水锅里蒸 15 分钟即可。

荷叶蒸肉丸

原材料 鲜猪肉 300 克，荷叶 1 张

调味料 盐 12 克，味精 5 克，白糖 20 克，食粉 10 克，胡椒粉 10 克，葱末适量，陈皮末 3 克，鸡精 5 克，干淀粉 75 克

|制|作|方|法|

◎将鲜猪肉洗净后剔筋膜，剁碎，装碗，加入盐、食粉、味精、鸡精、白糖、胡椒粉拌匀，顺一个方向搅打至起胶，待用。

◎干淀粉用清水调匀，分几次倒入猪肉中拌匀，搅打至起胶且有弹性，加盖冷藏 12 小时。

◎将冷藏的猪肉取出，加陈皮末拌匀，然后用手挤成丸子。

◎将洗净的荷叶铺入蒸笼中，摆上肉丸，上笼蒸熟，撒上葱末即可。

糯米蒸排骨

原材料 猪仔排 300 克，糯米 100 克，红椒碎少许，葱末少许

调味料 味精 10 克，鸡精 10 克，胡椒粉 10 克，生粉、花生酱、芝麻酱、排骨酱、香油、辣椒酱各少许

|制|作|方|法|

◎将猪仔排洗净，斩成段；糯米泡发。

◎锅中水烧开，下入猪仔排氽烫去血水后捞出。

◎将猪仔排放入糯米中，加入所有调味料拌匀，上笼蒸半小时，撒上红椒碎和葱末即可。

瘦肉木瓜汤

原材料 瘦猪肉 200 克，木瓜 150 克，松仁少许

调味料 盐 5 克，味精 3 克

|制|作|方|法|

◎将瘦猪肉洗净，切块；木瓜洗净，去皮，切块；松仁洗净，备用。

◎将瘦猪肉、木瓜、松仁一起放入炖盅中，注满水，入蒸锅中炖煮 3 小时，调入盐、味精，拌匀入味即可。

莲藕排骨汤

原材料 排骨 100 克，莲藕 300 克，红枣 10 克

调味料 盐 4 克，老姜 5 克，鸡精 2 克，料酒 3 毫升，香油 6 毫升

|制|作|方|法|

◎将排骨洗净，斩成段，在沸水中汆去血水；莲藕洗净，切块；红枣洗净，用温水浸泡 30 分钟。

◎热锅注水，烧沸，将藕块下入锅中煮约 20 分钟，放入排骨、红枣，烧沸后打去浮沫，放入料酒、老姜，改用小火炖至排骨熟透，放入盐、鸡精调味，淋上香油即可。

蒸牛百叶

原材料 牛百叶 300 克，红椒、青椒各少许

调味料 蒜末 2 克，香油、盐、味精、米醋各适量

|制|作|方|法|

◎将牛百叶洗净，切成 4 厘米长、1 厘米宽的长条，汆水后捞出；青椒、红椒分别洗净，切圈。

◎将牛百叶、蒜末、青椒、红椒圈放入盘中，下盐、味精拌匀，入蒸笼内用大火蒸 10 分钟。

◎将牛百叶蒸至熟，取出盘子，再淋上香油、米醋即可。

煮干丝

原材料 豆腐皮 200 克，鸡丝、虾仁、火腿、黑木耳各 10 克

调味料 熟猪油 75 毫升，酱油 8 毫升，盐 3 克，味精 1 克，高汤 250 毫升，鸡蛋清、生粉适量

|制|作|方|法|

◎将豆腐皮冲洗净，切成细丝，入沸水中汆烫一下，用筷子拨散后捞出，沥干水分，放入碗中；另取碗一只，放入鸡蛋清、盐、生粉，充分调匀，放入虾仁拌上浆；黑木耳泡发好。

◎炒锅上火，放入熟猪油，烧热，下虾仁、鸡丝、火腿入锅炒熟，盛碗内待用。

◎炒锅上火，注入高汤，依次加入豆腐皮丝、黑木耳和炒好的鸡丝、虾仁、火腿，煮至汤汁浓稠时，加酱油、盐、味精调味，拌匀即可出锅。

茄香鸡

原材料 白切鸡 200 克，茄子 1 条，野山椒 50 克，红尖椒 10 克

调味料 盐 5 克，味精 2 克，鸡精 2 克，姜末、蒜末各 5 克，食用油适量

|制|作|方|法|

◎将茄子洗净，用刀从中间剖开，装盘；白切鸡剁成块，另装一盘，与茄子一起放入蒸锅中蒸至熟烂，取出，将茄肉用筷子挑出，夹碎，备用。

◎将野山椒、红尖椒剁碎，加入盐、鸡精、味精、姜末、蒜末拌匀，放入油锅中炒香，倒入茄碎，炒匀，盛出，淋在鸡块上即可。

蒸牛筋

[原材料] 牛筋 200 克

[调味料] 盐 5 克，味精 3 克，鸡精 2 克

|制|作|方|法|

◎将牛筋洗净，切成片，放入沸水锅中氽烫片刻，捞出，沥水后加盐、味精、鸡精拌匀，腌渍片刻。

◎将备好的牛筋放入蒸锅中，上火蒸约 5 分钟，取出即可。

梅菜扣肉

[原材料] 猪五花肉 400 克，梅菜 100 克，红腐乳 10 克

[调味料] 姜片 3 片，蒜头 3 粒，白糖 5 克，豆豉 10 克，川椒酒 5 毫升，老抽 5 毫升，生抽 5 毫升，食用油 500 毫升，水淀粉、葱末、盐适量

|制|作|方|法|

◎将猪五花肉洗净，入锅煮至刚熟，取出，在肉皮上抹上老抽；热炒锅，注食用油烧至七成热，下五花肉，加盖焖炸至无响声，捞出，晾凉后切块，排放在扣碗内。

◎将豆豉、蒜头、红腐乳压成蓉，与川椒、酒、盐、白糖、姜片、老抽混合调匀，淋入肉碗中，将五花肉放入锅中蒸约 40 分钟后取出。

◎将梅菜洗净，切成片，用白糖、生抽拌匀，撒在蒸好的五花肉上，上火再蒸 5 分钟，取出，滤出原汁，将肉碗复扣在深碟中。原汁入锅烧沸，用水淀粉勾芡，淋入深碟中，撒上葱末即可。

生姜猪肉汤

[原材料] 瘦猪肉 200 克，姜 5 克

[调味料] 盐 3 克，味精 2 克，鸡精 2 克，胡椒粉少许

|制|作|方|法|

◎将瘦猪肉洗净，切片，放入沸水锅中氽烫片刻，捞出；姜洗净，切片备用。

◎净锅上火，注入适量清水，烧沸，下姜片、猪肉煮沸后改小火慢煲 1 小时，下盐、味精、鸡精、胡椒粉调味即成。

豉汁蒸凤爪

[原材料] 鸡爪 200 克

[调味料] 盐 5 克，味精 3 克，鸡精 2 克，姜 10 克，葱 5 克，食用油 500 毫升

|制|作|方|法|

◎去除鸡爪外皮、趾甲，洗净并晾干水分；姜洗净，切片；葱洗净，切段。

◎旺火烧热炒锅，注入食用油，烧热，将鸡爪放入炸至焦黄色，用笊篱捞起；随即将鸡爪投入凉水中浸泡，使鸡爪加速降温、浮松、去腻。浸泡、冲漂 1 小时后，捞起，再放盐、味精、鸡精拌匀。

◎将拌匀的鸡爪放入蒸锅中，以大火蒸约 10 分钟即可。

蘑菇氽羊肉丸

[原材料] 羊肉 100 克，蘑菇 250 克，香菇 20 克，上海青 30 克

[调味料] 酱油 5 毫升，盐 5 克，葱末、姜末各 5 克，蒜白 10 克，食用油 20 毫升，豆粉适量

|制|作|方|法|

◎将羊肉剁碎，放入酱油、葱末、姜末、豆粉拌匀；将香菇泡发，蘑菇洗净；蒜白切丝备用。

◎将炒锅上火，倒食用油烧热，放入香菇、蘑菇略炒，加水和盐烧煮。

◎将羊肉挤成丸子，放入锅内，待丸子煮熟后下入上海青，加盐调味，撒上蒜白丝即成。

番茄红薯牛肉汤

原材料 番茄 400 克，牛肉 200 克，红薯适量

调味料 姜1块，生抽、白糖、盐、绍酒、生粉各适量

|制|作|方|法|

◎将白糖、盐、生抽、绍酒、生粉拌和调匀，调成腌料，备用；牛肉洗净，切薄片，加入腌料腌渍入味；姜洗净，切片；番茄、红薯洗净，分别切块。

◎瓦煲中注入清水，以大火煲至水沸，放入番茄、红薯和姜片，待水再次沸腾后，改用中火煲至番茄出味、红薯熟烂，加入牛肉，煮至肉熟，用少许盐调味即可。

萝卜牛腩煲

原材料 白萝卜 200 克，牛腩 200 克，红椒 20 克，青椒 20 克，胡萝卜 20 克，生菜叶 3 张

调味料 盐5克，味精3克，豆瓣酱10克，葱、姜、蒜各少许，食用油适量

|制|作|方|法|

◎将白萝卜洗净，切块；牛腩洗净，切块；青、红椒洗净，切片；胡萝卜洗净，切片；生菜叶洗净，铺在煲仔内。

◎锅下食用油烧热，放牛腩入油锅中过油，捞出沥油备用。

◎锅留底油，烧热，爆香豆瓣酱、葱、姜、蒜，再下入牛腩、白萝卜、胡萝卜、青椒、红椒，注入适量清水，焖煮 10 分钟，大火收汁，下入盐、味精拌匀，略焖片刻，转盛入铺有生菜叶的煲仔内，大火煮沸后改小火煮至肉烂即可。

玉米煲排骨

原材料 排骨 300 克，玉米 2 个

调味料 盐5克，味精3克，香油少许

|制|作|方|法|

◎将排骨洗净，斩件，放入沸水锅中余去血水，捞出，洗净，沥水备用；玉米洗净，切段。

◎将排骨、玉米、盐一起放入汤煲中，大火煮沸后改中火煮约 5 ~ 8 分钟，加盖，改用小火，煲约 2 小时，调入味精、香油，拌匀即可。

白菜粉丝汆丸子

原材料 肉馅 200 克，鸡蛋 1 个，白菜 100 克，粉丝 100 克

调味料 香油、盐、味精、生抽、醋、鸡精、花椒面、生粉、葱末、姜末各适量

|制|作|方|法|

◎把肉馅装盘，打入一个鸡蛋，顺着一个方向搅拌，至有黏性时加入葱末、姜末、花椒面、盐、味精，顺着原方向搅拌均匀，再将肉馅做成肉丸子。

◎粉丝用温水泡软；白菜洗净，切丝。

◎锅中盛水烧开，将肉丸子下入锅中煮 15 分钟，再将白菜、粉丝下入锅中，煮 3 分钟，再下盐、鸡精、生抽、醋调味，用生粉勾芡，淋上少许香油即可。

牛肉红枣莲子汤

原材料 牛肉 300 克，红枣 50 克，莲子适量

调味料 盐少许

|制|作|方|法|

◎将牛肉洗净，切块，放入沸水锅中余一下水，捞出，备用；红枣洗净，用清水略泡片刻；莲子去心，洗净备用。

◎将牛肉、红枣、莲子放入炖盅中，注入适量清水，以大火烧沸，转小火，隔水炖约 3 小时，至牛肉熟烂，加入盐调味即可。

黄豆猪尾煲

原材料 黄豆 100 克，猪尾 1 根

调味料 盐 5 克，胡椒粉 3 克，鸡精 3 克，料酒 5 毫升，葱、
姜各适量，食用油适量

|制|作|方|法|

◎将黄豆洗净，加水浸泡约 1 个小时；猪尾洗净，切段，放
入开水中，加料酒煮 10 分钟后捞出。

◎热锅注食用油，烧热，放入猪尾炸约 5 分钟，捞出。

◎将黄豆、猪尾、葱、姜下入汤煲中，加盖，以大火烧至水沸，
转小火慢炖 1 小时，加盐、鸡精、胡椒粉调味即可。

萝卜丝煮鲫鱼

原材料 鲫鱼 300 克，萝卜 200 克，红椒丝、香菜各少许

调味料 盐、鸡精、胡椒粉、姜片、食用油各适量

|制|作|方|法|

◎将鲫鱼宰杀，去内脏，洗净；萝卜洗净，切成细丝；香菜
洗净，切段备用。

◎净锅上火，注入食用油，烧热，放入鲫鱼煎至两面金黄。

◎锅中注入适量清水，放入萝卜丝、盐、鸡精、胡椒粉、姜片、
红椒丝，煮 10 分钟后盛起，撒上香菜即可。

冬瓜羊肉汤

原材料 羊肉 50 克，冬瓜 250 克

调味料 味精 2 克，葱末 2 克，姜片 2 克，食用油 15 毫升，
酱油、盐各适量

|制|作|方|法|

◎将羊肉洗净，切成薄片，用酱油、盐、味精、姜片拌匀腌制；
冬瓜去皮，洗净，切片。

◎汤锅置火上，放入食用油，烧热，下冬瓜片略炒，注入适
量清水，加盖烧沸，再放入拌好的羊肉片，煮熟，撒上葱末
即成。

食在实惠：羊肉片要切薄一点，更容易煮熟。

香菇虾仁羹

原材料 香菇 250 克，虾仁 100 克，番茄 1 个，芹菜、葱
末各适量

调味料 葱、姜、盐、食用油、味精、胡椒粉各适量

|制|作|方|法|

◎将香菇浸泡至软，洗净，切成丁；虾仁洗净，加盐和胡椒
粉拌匀；番茄去皮，去籽，切成粗粒；芹菜洗净，去叶留梗，
切段。

◎起油锅，加虾仁略煸；另起油锅，爆香葱、姜后，取出葱、
姜，并加入香菇、芹菜，略煸后取出。

◎锅内注入清水，烧沸后，加入香菇、芹菜再烧滚后，依次
加入番茄、虾仁，烧开后，调味，加食用油、味精，离火，
勾芡撒上葱末即可。

花菇炖竹荪

原材料 白菜心 250 克，火腿丁 75 克，花菇 10 个，竹荪
20 克

调味料 盐适量，绍兴酒适量

|制|作|方|法|

◎将竹荪泡水，洗净；花菇泡水；白菜心洗净。

◎所有材料放入炖盅内，加入热水、绍兴酒、盐调味，放入
蒸笼或锅中炖 1.5 小时即可。

咸菜煮黄花鱼

原材料 黄花鱼 200 克，咸菜 100 克，红椒 5 克

调味料 葱、姜各 5 克，盐 2 克，味精 1 克，鸡精 1 克，
食用油适量

|制|作|方|法|

◎将葱、姜、红椒洗净，姜切丝，葱切段，红椒切成圈；黄花鱼宰杀，去内脏，洗净；咸菜用清水冲洗一下，挤干水分。

◎锅中注食用油，烧热，将黄花鱼放入锅中煎熟，煮入适量清水，加入咸菜、红椒、姜丝、盐、味精、鸡精，煮至鱼肉入味，盛出，装盘，撒上葱段即可。

黄豆炖猪手

原材料 猪蹄 300 克，黄豆 100 克

调味料 盐 5 克，味精 3 克，胡椒粉 3 克，香油适量，老姜片、蒜、葱段各少许

|制|作|方|法|

◎将猪蹄洗净，斩件，放入沸水锅中氽去血水；黄豆洗净，用温水浸泡 1 小时。

◎汤锅注水烧沸，分别放入猪蹄、黄豆、老姜片、葱段，以大火煮 15 分钟后，转至小火煨 90 分钟，捞出葱段、老姜片，锅中调入盐、味精、胡椒粉，拌匀，煮约 2 分钟，滴入香油即可。

菜干猪肺汤

原材料 猪肺 1 个，瘦猪肉 300 克，菜干 60 克，南杏、北杏各少许

调味料 姜 5 克，盐适量

|制|作|方|法|

◎将菜干放入清水中浸泡 30 分钟，洗净泥沙；瘦猪肉洗净后切小块；猪肺洗净，切大块；姜洗净，拍破。

◎将备好的猪肺、瘦肉、菜干、南杏、北杏、姜依次放入煲内，注入适量清水，上火，煲约 2.5 小时，调入盐拌匀即可。

五花肉炖油豆角

原材料 带皮五花肉 200 克，粉皮 100 克，东北油豆角 200 克，花卷若干

调味料 葱段、姜片、酱油、料酒、花椒、白糖、湿淀粉、葱油、食用油、白糖、生抽各适量

|制|作|方|法|

◎将带皮五花肉洗净，切大片；东北油豆角去老筋，切寸段，洗净；粉皮用凉水泡软，备用。

◎锅内加清水烧开，五花肉氽水后盛出，加料酒、酱油腌 15 分钟至入味。

◎锅内倒食用油烧热，将肉片炸至金黄捞出；锅中留少许底油烧热，入葱段、姜片、花椒稍炸，加肉块，调入酱油、料酒、生抽、白糖、水，用旺火烧开，再转小火炖；水快干时下豆角、粉皮，再勾芡，放葱油，装入干锅中，再摆上花卷即可。

山药烧腩肉

原材料 山药 300 克，腩肉 200 克，红椒 30 克

调味料 盐 5 克，味精 3 克，生抽 5 毫升，油适量

|制|作|方|法|

◎将山药洗净切片；腩肉洗净切片，用盐腌渍；红椒洗净切片。

◎锅中下油烧热，将腩肉下入锅中煸至出油，再将山药、红椒下入锅中翻炒。

◎锅中加半杯清汤，大火烧开，焖煮至水分收干，下盐、味精、生抽调味即可。

橄榄木耳炖猪肉

原材料 橄榄50克，黑木耳10克，猪肉200克

盐5克，味精3克

|制|作|方|法|

◎将橄榄洗净；黑木耳泡发好，洗净；猪肉洗净，切块，入沸水中汆透。

◎将橄榄、黑木耳、猪肉放入炖盅中，加满水，隔水炖约3小时，至猪肉熟透，加盐、味精调味即可。

小葱烧咸肉

原材料 咸肉300克，青、红椒各30克，香菜适量，蒸熟的白馍若干

葱80克，盐5克，鸡精3克，酱油5毫升，食用油适量

|制|作|方|法|

◎将咸肉洗净，切片；葱、香菜洗净，切段；青、红椒洗净，切块。

◎将锅中下食用油烧热，将咸肉下入锅中，爆炒2分钟，再将葱、青椒、红椒下入锅中，炒出香味，烹入少许水，加盖焖一会。

◎将盐、鸡精、酱油下入锅中，撒上香菜，翻炒匀，出锅盛盘，再配上蒸热的白馍即可。

山笋烧腊肉

原材料 腊肉100克，干笋35克，红尖椒20克

酱油10毫升，大葱1根，姜1小块，料酒5毫升，白糖、食用油、肉汤适量

|制|作|方|法|

◎将腊肉放蒸锅中蒸1小时，捞出切成片；大葱、姜洗净，大葱切段，姜切片，备用。

◎干笋用温水浸软后，洗净，切段，挤出水分，放入肉汤中，加半小匙白糖和1小匙酱油，用大火烧开后改用小火焖烧20分钟左右，起锅倒入肉碗中。

◎锅中放食用油，将腊肉入锅中炸香，沥干油；锅中放入姜、大葱爆香，下入腊肉、干笋、红尖椒、料酒、酱油炒至入味即可。

油焖春笋

原材料 春笋200克

酱油75毫升，香油15毫升，白糖25克，花椒10粒，味精3克，色拉油75毫升

|制|作|方|法|

◎将春笋洗净，对剖开，用刀拍松，切成五厘米长的段。

◎将炒锅置中火上烧热，下色拉油至五成热，放入花椒，炸香后捞出。

◎将春笋入锅煸炒至色呈微黄时，即加入酱油、白糖和100毫升的水，用小火烧5分钟，待汤汁收浓时，放入味精，淋上香油即成。

香菇烧玉米笋

原材料 香菇100克，玉米笋100克

食用油10毫升，鸡油5毫升，料酒3毫升，盐5克，葱2克，姜2克，味精1克，白糖2克，水淀粉3克，高汤适量

|制|作|方|法|

◎将玉米笋切段，洗净；香菇用温水浸泡至软，剪掉根蒂，斜切成抹刀片；葱洗净，切段；姜洗净，切片。

◎炒锅上火，注食用油烧至五成热，下玉米笋滑油，盛出。锅留底油，下葱段、姜片爆香，注入高汤，大火烧沸，拣去葱、姜，汤汁中加入料酒、白糖、盐烧沸，撇净浮沫，下玉米笋、香菇烧15分钟，调入味精，用水淀粉勾薄芡，淋入鸡油，起锅即可。

慈姑烧肉

原材料 慈姑 200 克，五花肉 300 克

调味料 葱末、姜末、料酒、酱油、白糖、醋、熟猪油、桂皮各适量

|制|作|方|法|

◎将慈姑去皮，洗净，切成块；五花肉洗净，切成小方块。

◎坐锅点火，放入清水、五花肉，煮20分钟后取出沥干水分。

◎锅中下熟猪油，烧热，爆香姜末，下五花肉煸炒，再下慈姑、料酒、酱油、白糖、桂皮、清水，用大火烧开后，改用小火烧煮30分钟，拣去桂皮，淋入醋，再撒上葱末即可。

红烧肉方

原材料 带皮五花肉 200 克，干山楂片 5 克，上海青 100 克

调味料 料酒 10 毫升，老抽 10 毫升，冰糖少许，盐 3 克，香油少许

|制|作|方|法|

◎将带皮五花肉洗净，切块，放入兑有料酒的凉水中浸15分钟；上海青洗净，对半切开，入沸水中氽烫后捞出，沥水，围盘；干山楂片洗净。

◎将五花肉块和山楂片放入砂锅中，加入清水，以过没肉块为宜，大火烧约30分钟(撇除表层浮沫)，转小火，保持微沸状态，煮约90分钟，移入炒锅中，烹入老抽，中火煮30分钟至汤汁收浓，加入冰糖，加盐调味，滴入香油，出锅，装盘。

野山菌烧肉

原材料 带皮五花肉 400 克，野山菌 10 克

调味料 姜 10 克，八角 6 克，酱油 30 毫升，白糖 5 克，盐、味精各适量，食用油 600 毫升，料酒 10 毫升

|制|作|方|法|

◎将带皮五花肉洗净，切块，入沸水氽烫后取出，沥干水分；野山菌洗净，改刀备用；姜洗净，切片。

◎将五花肉下入油锅中过油，再捞出沥干。

◎锅中注食用油烧热，下入白糖、五花肉炒上色，烹入酱油、料酒略翻炒，再下入野山菌、姜片、八角、适量水，焖煮30分钟，下盐、味精调味即可。

红烧蹄髈

原材料 蹄髈400克，洋葱 50 克，西兰花 50 克，红椒少许

调味料 葱 2 根，姜 2 片，八角 10 克，酱油 20 毫升，冰糖 10 克，料酒 5 毫升，盐 5 克，食用油、水淀粉适量

|制|作|方|法|

◎将洋葱洗净，切成丝，入油锅中炒熟；西兰花洗净，入沸水锅中焯熟；红椒洗净，切圈。蹄髈洗净，入沸水锅中氽烫后捞出，过凉，刮净外皮油垢，放入清水锅中，加入葱、姜、八角煮约 20 分钟，捞出，在外皮抹上适量酱油，并用叉子在外皮上扎若干小洞，然后放入热油锅中炸至色变，捞出，立刻浸入冷水中。

◎净锅上火，注入清水，加冰糖、酱油、料酒烧沸，放入蹄髈，小火煮 40 分钟，待蹄髈熟软时取出，晾凉切片。

◎用西兰花、洋葱、红椒摆盘，盛入蹄髈，再将烧蹄髈的汤汁用水淀粉勾芡，淋在蹄髈上即成。

腐竹烧肉

原材料 瘦猪肉 150 克，腐竹 100 克

调味料 老抽 1 小匙，盐少许，黄酒 2 小匙，葱 1 根，姜 1 小块，水淀粉少许，食用油适量

|制|作|方|法|

◎将瘦猪肉洗净，切块，用老抽腌 2 分钟，入九成热的油锅中炸成金黄色，捞出；葱洗净，切段；姜洗净，切片；腐竹用凉水浸透，切段。

◎净锅上火，烧干水汽，下瘦猪肉煸炒出油，加入清水、老抽、黄酒、葱段、姜片，大火煮沸，转小火焖煮至猪肉八成熟，加入腐竹、盐同烧入味，用水淀粉勾芡即可。

红烧肉

原材料 带皮五花肉 400 克，上海青 300 克

调味料 湿淀粉、白糖、料酒、酱油、鸡汤、盐、味精、八角、桂皮、食用油各适量

|制|作|方|法|

◎将带皮五花肉连皮切成块，飞水后，放入油锅中稍炸，捞出沥干油分。

◎锅留底油，下入白糖、五花肉炒上色，倒入料酒、酱油，再加入八角、桂皮、盐、鸡汤，大火烧沸，转小火煮至猪肉熟烂。

◎另起净锅，注水烧沸，放入上海青焯透，盛出，倒入卤锅中，调入味精，同煮片刻，起锅前用湿淀粉勾芡即可。

青豆炖排骨

原材料 排骨 200 克，青豆 100 克，红枣 10 克

调味料 盐 5 克，味精 2 克，胡椒 1 克，姜、葱、蒜各少许，香油适量

|制|作|方|法|

◎将排骨洗净，斩件，在沸水中余烫；青豆洗净，用清水浸泡；红枣洗净备用。

◎净锅注水，烧沸，将排骨、青豆、红枣及姜、葱、蒜下入锅中，大火煮 15 分钟后，小火煨 90 分钟，捞出葱、姜、蒜，加盐、味精、胡椒调味，煮 2 分钟，再淋上香油即可。

玉米焖牛肚

原材料 牛肚 200 克，玉米 300 克，红椒 1 个，尖椒 1 个，香菜少许

调味料 香醋 10 毫升，胡椒粉 2 克，盐 5 克，味精 2 克，酱油 50 毫升，红辣椒油 20 毫升，水淀粉、食用油各适量

|制|作|方|法|

◎将玉米洗净，切段；尖椒、红椒分别洗净，切圈；香菜洗净，切段；牛肚洗净，入沸水锅中煮至八成熟，捞出，切片。

◎热锅注食用油，烧至六成热，倒入玉米翻炒，加入清水，大火焖煮约 10 分钟，倒入牛肚、红椒、尖椒翻炒，加适量水，煮约 5 分钟，调入盐、味精、酱油、香醋、红辣椒油、胡椒粉，用水淀粉勾芡，起锅装盘，撒上香菜段即成。

红烧排骨

原材料 猪肋排 400 克

调味料 姜 5 克，八角 5 克，盐 5 克，白糖少许，酱油 10 毫升，料酒 10 毫升，鸡精 2 克，食用油适量

|制|作|方|法|

◎将猪肋排洗净，斩小块；姜洗净，切末。

◎净锅上火，注食用油烧热，下姜末爆香，下肋排炒至肉色发白，烹入八角、酱油、料酒、白糖，注清水没过肋排，烧沸后改小火慢炖 20 分钟，调入盐、鸡精，大火收汁即可。

萝卜干烧腩肉

原材料

萝卜干 150 克，腩肉 150 克

调味料

料酒 20 毫升，酱油 10 毫升，白糖 5 克，盐 4 克

|制|作|方|法|

◎在碗中加清水，把萝卜干放入碗中浸泡；浸泡后捞出挤干，再切成片待用。

◎将腩肉洗净，放入冷水锅中，以大火烧沸，捞出，沥水备用；将血水浮沫去除干净，捞出，再用冷水洗净。

◎净锅上火，烧热，放入肉块，煸炒肉块至出油，加入萝卜干，放料酒翻炒，加酱油炒匀块，掺入少量清水，加盖焖煮至沸；调入白糖续焖 15 分钟，揭盖翻炒均匀，再焖煮片刻，调入少许盐，大火收汁，出锅即可。

粽烧仔排

原材料 小粽子 100 克，仔排 150 克，板栗 80 克

调味料 盐 6 克，味精 3 克，白糖 5 克，老抽 8 毫升，排骨酱 10 克，食用油适量

|制|作|方|法|

◎将小粽子蒸熟，用油炸至金黄；仔排斩成小块，备用。

◎锅中下食用油烧热，放入排骨酱炒香，加入斩成寸段的仔排，适量水，翻炒至熟。

◎将板栗、小粽子加入锅中，加盐、白糖、老抽、味精，翻炒均匀，烧至入味即可。

红烧划水

原材料 青鱼尾 250 克

调味料 生抽 10 毫升，老抽 10 毫升，料酒 10 毫升，白糖适量，盐 5 克，生粉，葱末少许，食用油 500 毫升

|制|作|方|法|

◎将青鱼尾去鳞，斜切几刀花刀，最尾端处不要切断，洗净后擦干水分，装入鱼盘中，调入生抽、料酒、老抽、盐，将鱼尾腌渍片刻。

◎净锅上火，注入食用油，烧至六成热后，将鱼尾拍上少许生粉后放入油锅中，炸至两面金黄后盛出。

◎锅留少许底油，注入适量清水，烹入生抽、老抽、白糖，以大火煮沸后，加入鱼尾，调入料酒，煮至汤汁浓稠，盛出，撒上葱末即可。

板栗烧鸡

原材料 仔鸡 250 克，板栗 300 克，红椒块少许

调味料 盐 6 克，味精 4 克，葱段少许，老抽 8 毫升，高汤、食用油适量

|制|作|方|法|

◎将仔鸡洗净，剁成块；板栗去壳，洗净后沥水。

◎热锅注食用油，烧至八成熟，下鸡块炒干水汽，加入老抽、葱段、红椒块、板栗，注入高汤焖 3 分钟，加盐、味精调味，大火收汁即可。

花生焖凤爪

原材料 凤爪 300 克，花生 100 克

调味料 盐 5 克，鸡精 2 克，老抽 10 毫升

|制|作|方|法|

◎将凤爪洗净后斩去趾甲，去掉外皮，用老抽、盐腌渍一会，备用。

◎花生去杂质，洗净。

◎净锅坐火上，放入凤爪、花生，加适量水，大火煮开后，改用小火焖煮 15 分钟左右，煮至花生、凤爪熟烂，关火，加盐、鸡精调味即可。

油豆腐烧腊肉

原材料 油豆腐 200 克，腊肉 200 克，红尖椒 2 个，青蒜适量

调味料 盐 6 克，味精 3 克，老抽 7 毫升，姜末、蒜末少许，食用油适量

|制|作|方|法|

◎腊肉洗净；红尖椒、青蒜洗净切段备用。

◎腊肉入蒸锅中蒸 1 小时后取出，切片。

◎锅中放油，爆香腊肉，下入姜、蒜、尖椒、油豆腐、少许水及调味料，焖至入味，撒上青蒜即可。

蒜烧牛肚

原材料 牛大肚 300 克，灯笼椒 30 克，香菜少许

姜末 5 克，蒜 100 克，豆瓣酱 15 克，味精 5 克，
生抽 3 毫升，红油 5 毫升，盐、食用油适量

|制|作|方|法|

◎将牛大肚洗净，入清水锅中煮约 1 小时，捞出切片；蒜去皮，入油锅中炸后捞出；香菜洗净，切段；灯笼椒洗净。

◎锅中注食用油，爆香姜末、豆瓣酱、灯笼椒，下蒜、牛大肚、生抽、红油、盐、味精烧入味，撒上香菜即可。

土豆烧排骨

原材料 排骨 200 克，土豆 300 克，胡萝卜 50 克，红尖椒适量

花椒 3 克，料酒 5 毫升，蒜末 5 克，盐 10 克，
味精 5 克，食用油 30 毫升

|制|作|方|法|

◎排骨斩件，放入开水中焯烫，洗净浮沫；土豆去皮切成块；胡萝卜切滚刀块；红尖椒洗净剁碎。

◎热锅注食用油，爆香蒜末、花椒、红尖椒，放入排骨煸炒，然后加入适量水、料酒、盐、味精，放入土豆、胡萝卜，用中火焖熟即可。

玉米烧牛尾

原材料 牛尾 300 克，玉米 200 克，青、红椒共 45 克，青蒜 25 克

盐 6 克，味精 5 克，鸡精 4 克，白糖 5 克，八角 6 克，
花椒 8 克，姜末 8 克，蒜末 8 克，食用油适量

|制|作|方|法|

◎将牛尾、玉米分别洗净，切段；青、红椒洗净，切丝；青蒜洗净，切段。

◎将牛尾放入清水锅中，加八角、花椒煮至熟烂，捞出，撇去八角、花椒。

◎净锅上火，注食用油烧热，下姜末、蒜末炒香，加入牛尾、玉米、青椒、红椒、青蒜及盐、白糖、味精、鸡精，煮 15 分钟即可。

红烧鱼块

原材料 鱼块 300 克，香菇 100 克，腐竹 200 克

盐 5 克，蒜 10 克，生粉 50 克，鸡精 3 克，食用油、
葱末适量

|制|作|方|法|

◎香菇用温水泡发好，剪去蒂，洗净后切块；蒜去皮，备用；腐竹泡发切段。

◎净锅上火，注入食用油，烧至五成热，将鱼块逐个裹上一层生粉后放入油锅中，炸至鱼块色泽金黄，捞出沥油。

◎锅留底油，烧热后，下香菇、腐竹入锅中翻炒，加少许清水焖煮至将熟，加入炸好的鱼块，加盐、鸡精调味，再用生粉勾薄芡，起锅装盘，撒上葱末即可。

板栗烧猪尾

原材料 猪尾巴 200 克，红椒 20 克，板栗 100 克

食用油 50 毫升，姜片、葱段各 10 克，盐 10 克，
味精 10 克，蚝油 10 毫升，老抽王 10 毫升，清汤
50 毫升，香油 5 毫升，湿生粉适量

|制|作|方|法|

◎猪尾巴洗净，切小块；红椒洗净，切段；板栗去皮，洗净。

◎炒锅注食用油，放入姜片、红椒、猪尾巴爆炒至香，加入清汤、盐、味精、蚝油、老抽王、板栗、葱段，用中火烧透入味，用湿生粉勾芡，淋入香油即成。

豆角焖鲜肉

原材料 五花肉 200 克，干豆角 300 克，红椒 10 克，青椒 10 克

调味料 盐 5 克，鸡精 2 克，蒜 5 克，食用油适量

|制|作|方|法|

◎将干豆角用温水泡 3 小时，待其全部变软后捞出，沥水，切成段。

◎五花肉洗净后切成薄片；青、红椒洗净后切成片。

◎净锅坐火上，注食用油烧热，放入蒜、青、红椒爆香，再加入五花肉煸炒至出油，加入干豆角，翻炒一会，加适量水，盖上锅盖，焖煮片刻，加盐、鸡精调味即可。

可乐鸡翅

原材料 鸡翅 350 克，可乐 1 瓶

调味料 料酒 10 毫升，葱 3 克，姜 5 克，桂皮 1 克，八角 6 克，酱油 10 毫升，盐 5 克，白糖 3 克，食用油 50 毫升

|制|作|方|法|

◎将鸡翅洗净，放入沸水锅中氽烫，撇去浮沫，煮约 5 分钟，捞出；葱洗净，切成长段；姜洗净，切成片，备用。

◎将氽烫好的鸡翅在两面各剖上两刀，用盐、白糖、料酒混合腌渍 20 分钟左右。

◎净锅上火，注入食用油，烧至五成热后，下姜片、葱段、八角、桂皮爆香，倒入鸡翅翻炒片刻，烹入酱油，翻炒均匀，倒入可乐，没过鸡翅，小火煮约 30 分钟，至鸡翅入味熟透，大火收汁，拣出葱段、姜片、八角、桂皮，装碗即可。

白菌烩蹄筋

原材料 水发蹄筋 200 克，白灵菇 100 克，青椒、红椒共 50 克

调味料 葱 2 根，姜片 2 片，葱姜酒少许，料酒 10 毫升，蚝油适量，白糖 5 克，胡椒粉少许，高汤 2 杯，水淀粉 5 克，盐 3 克，食用油适量

|制|作|方|法|

◎水发蹄筋洗净后，每条切成两半；先用葱姜酒煮开，去腥后捞出；白灵菇泡软，去后切成片；葱洗净，切段。

◎净锅置火上，放食用油，将葱段和姜片爆至焦黄时捞出，放入白灵菇略炒，再加入蹄筋和料酒、蚝油、高汤、料酒、白糖、胡椒粉、盐烧开，改小火烧入味，淋水淀粉勾芡即成。

竹荪烧豆腐

原材料 豆腐 200 克，竹荪 20 克，香菇 1 朵，火腿 10 克

调味料 盐 4 克，鸡精 2 克，老抽 10 毫升，食用油适量

|制|作|方|法|

◎将豆腐用水冲后沥干水分；竹荪洗净泥沙；香菇去蒂，洗净后对半切开；火腿切成丝。

◎将豆腐入热油锅内炸至熟，捞出沥油；干竹荪用水泡发好。

◎锅留底油，放入香菇、火腿丝、竹荪爆香，放入豆腐，加适量高汤，大火烧，加入盐、鸡精、老抽，收干汁，即可出锅。

啤酒烧鸡

原材料 鸡腿 2 只，啤酒 1 罐

调味料 鸡粉 1/2 汤匙，白糖 5 克，海鲜酱油 10 毫升，盐 5 克，生粉 5 克，油适量

|制|作|方|法|

◎将鸡腿洗净，斩成块状；将 1/2 汤匙生粉和 3 汤匙清水调成生粉水。

◎烧热油，倒入鸡腿用大火快炒至肉变色，注入 1 罐啤酒搅匀煮至沸腾，加入鸡粉、白糖、海鲜酱油、盐调味，加盖，以大火煮沸，改小火续煮 10 分钟，开大火收至汤汁近干，浇入生粉勾芡，即可起锅。

芋儿烧鸡

原材料 芋头 100 克，鸡肉 250 克，灯笼椒 30 克，香菜少许

豆瓣酱 15 克，盐 5 克，味精 3 克，红油 20 毫升，
姜末、蒜末、食用油各适量

| 制 | 作 | 方 | 法 |

◎将芋头去皮，洗净，切块；香菜洗净，切末；鸡肉洗净，
剁块，沥水后放入四成热的油锅中略炸片刻，捞出沥油。
◎锅留底油，下姜末、蒜末、豆瓣酱、灯笼椒炒香，加入清水、
鸡块、芋头焖煮 15 分钟，调入盐、味精和红油，大火收汁，
起锅，撒上香菜即可。

熏肉烩薏米

原材料 熏肉 200 克，薏米 100 克，胡萝卜 1 个

盐 3 克，鸡精 2 克，高汤适量，生粉少许，食用
油适量

| 制 | 作 | 方 | 法 |

◎将熏肉洗净，切成小粒；胡萝卜洗净后切成同样大小的粒。
◎薏米用水泡发，备用。
◎净锅坐火上，放少许食用油，加胡萝卜、熏肉，倒入适量
高汤，加入泡好的薏米，盖上锅盖，烩煮 10 分钟，加盐、
鸡精调味，用生粉勾芡即可。

腐竹红烧鱼

原材料 腐竹 50 克，香菇 50 克，鲩鱼 300 克

盐 5 克，味精 3 克，生抽 5 毫升，蒜 30 克，葱
末 5 克，生粉、鸡蛋清、食用油各适量

| 制 | 作 | 方 | 法 |

◎将腐竹洗净，切段；香菇洗净，泡发后切丝；鲩鱼洗净，
切块，用盐、生粉、鸡蛋清腌渍；蒜去皮，洗净。
◎锅中下食用油，烧至六成热，将鱼块下入锅中滑油，再
捞起沥油；蒜入油锅，炸成金蒜，捞起待用。
◎锅中留少许底油，烧热，将香菇下入锅中翻炒，再下入腐
竹、鱼块、金蒜，加少许水，焖煮 10 分钟，再下盐、味精、
生抽调味，撒上葱末即可。

葱烧牛筋

原材料 牛筋 200 克

料酒 5 毫升，味精 1 克，盐 2 克，胡椒粉少许，
酱油 10 毫升，淀粉 6 克，白糖 3 克，高汤 70 毫升，
葱白 50 克，油适量

| 制 | 作 | 方 | 法 |

◎将牛筋泡发好，洗净，切成条，入沸水锅煮沸，捞出，
放入冷水中浸晾，沥水；葱白洗净，切段。
◎净锅上火，注油，下葱段炒香，注入高汤，加盐、味精、
料酒、酱油、白糖、胡椒粉，加入牛筋，改小火烧至筋糯，
用淀粉勾芡，出锅即成。

孜然鸡翅

原材料 鸡翅 5 个，香菜适量

酱油 5 毫升，料酒 5 毫升，盐 5 克，姜片 5 克，
白糖 1 克，五香粉 5 克，淀粉少许，食用油适量，
清汤少许，孜然粉适量

| 制 | 作 | 方 | 法 |

◎将鸡翅洗净，放入沸水锅中汆去血水，捞出，用厨房用
纸擦干表面的水分，并在鸡翅两面各斜划几刀，装碗，用盐、
姜片、白糖、五香粉及淀粉腌渍约 30 分钟，拣出姜片，将
鸡翅逐个分开。
◎净锅上火，注食用油，烧至五成热，转小火，将鸡翅逐
个放入锅中煎至鸡翅两面金黄，烹入酱油、料酒以及腌过
鸡翅的汁，注入清汤，加盖大火焖煮至汤汁沸腾，改小火
焖煮 5 分钟，大火收汁，装盘，撒上孜然粉、香菜即可。

红烧鸡块

原材料 鸡肉 300 克

调味料 盐 5 克，料酒 10 毫升，生粉少许，老抽 10 毫升，葱 10 克，油适量

|制|作|方|法|

◎将鸡肉洗净，斩成大小适量的块，放入碗内，加上盐、料酒、生粉和老抽腌 10 分钟。

◎将葱洗净，切段；净锅坐火上，放油烧热，下入葱爆锅，放腌好的鸡块，大火快速翻炒片刻，加少许水、少许盐，收干汁即可。

红腰豆焖猪手

原材料 红腰豆 100 克，猪手 300 克

调味料 姜片 20 克，姜汁 15 毫升，生抽 30 毫升，蚝油 20 毫升，米酒 50 毫升，盐 5 克，白糖、油适量

|制|作|方|法|

◎将猪手洗净，去毛，剁成块，用 30 毫升米酒、姜汁腌渍；红腰豆用清水冲洗一会，备用。

◎净锅上火，注油，爆香姜片，放入猪手，中火爆炒 3 分钟，下红腰豆、米酒，加入生抽、蚝油，小火煮 30 分钟，最后放入盐、白糖调味即可。

番茄烩螺旋粉

原材料 意大利螺旋粉 300 克，番茄半个，紫苏、洋葱、西芹各 30 克

调味料 蒜末 10 克，番茄酱 30 克，盐 5 克，鸡粉 3 克，香草、食用油、高汤、牛油适量

|制|作|方|法|

◎将番茄洗净，去皮，去籽，切碎备用；洋葱、西芹洗净，切碎；意大利螺旋粉入沸水中煮七成熟，捞出过冷水，沥水备用。

◎净锅上火，烧热，注入食用油，爆香蒜末，下洋葱、西芹入锅中翻炒，调入番茄酱，炒匀入味，再加剁碎的番茄炒匀，倒入适量高汤，焖煮片刻后，下盐、香草、鸡粉调成酱备用。

◎另起锅，放入牛油烧化，爆香蒜末，加入煮好的番茄汁，再将螺旋粉下入锅中翻炒，再下调好的酱，炒拌匀即可。

牛肉烩百合

原材料 牛肉 200 克，百合 50 克，胡萝卜 1 个

调味料 盐 5 克，味精 5 克，鸡精 3 克，花雕酒少许，生粉适量，葱适量，食用油适量

|制|作|方|法|

◎将牛肉切片；百合洗净、掰成片；胡萝卜洗净切片；葱取葱白，切段。

◎将牛肉放少许盐、生粉拌匀，入三成油温中滑开后捞出备用。

◎锅中注食用油，爆香葱段、百合、胡萝卜片，下入牛肉、盐、味精、鸡精、花雕酒翻炒至熟，最后用生粉勾芡即可。

干红烩鸭架

原材料 鸭架 350 克，魔芋 50 克

调味料 姜片 10 克，葱末 5 克，盐 5 克，干红 400 毫升，食用油适量

|制|作|方|法|

◎将鸭架洗净后斩件，用适量干红、盐、姜片腌渍片刻。

◎将魔芋用水冲洗干净，沥水备用。

◎净锅坐火上，放食用油烧热后放入姜片爆香，加腌渍好的鸭架，大火快炒一下，再加入魔芋一起翻炒片刻，倒入干红，让其慢慢收汁，烩 5 分钟后，加盐、葱末即可出锅。

客家福菜焖苦瓜

原材料 五花肉 200 克，白苦瓜 1 个，客家福菜 50 克

调味料 姜 3 片，高汤 500 毫升，盐适量

| 制 | 作 | 方 | 法 |

◎将五花肉洗净，切片；白苦瓜洗净，去籽、瓤，切块；客家福菜洗净，切段，备用。

◎净锅上火，放入猪肉片略煸出油，加入苦瓜、客家福菜、姜片、高汤；以大火煮沸，转小火加盖焖煮，至苦瓜熟软，撒入盐调味即成。

大杂烩

原材料 炸肉丸 50 克，肉丸 50 克，上海青 50 克，肉皮 100 克，火腿 20 克，冬笋 50 克

调味料 葱、姜、黄酒、胡椒粉、鸡汤、盐、味精、鸡精、食用油各适量

| 制 | 作 | 方 | 法 |

◎将肉皮入油锅中炸至起泡，捞出泡水；上海青洗净；冬笋切片。

◎煲中放入鸡汤，下入肉丸、火腿、肉皮、冬笋煲 20 分钟。

◎将上海青、炸肉丸下入锅中，再下葱、姜、黄酒、胡椒粉、盐、味精、鸡精煮至入味即可。

炸鸡中翅

原材料 鸡中翅 3 个，炸鸡粉适量

调味料 沙拉酱、七味粉、油各适量

| 制 | 作 | 方 | 法 |

◎将鸡中翅洗净，裹上炸鸡粉。

◎将鸡中翅下入油锅中，炸至熟，捞起沥油。

◎将沙拉酱、七味粉盛入小碟中，拌匀，供蘸食。

大漠风沙鸡

原材料 鸡肉 300 克，面包糠 60 克

调味料 蒜末 15 克，盐、绍酒、陈醋、食用油各适量

| 制 | 作 | 方 | 法 |

◎将鸡肉洗净，切小块，用盐、绍酒、陈醋腌渍 2 小时。

◎净锅注食用油，烧至六成热，放入鸡肉块炸至金黄色，捞出沥油；锅中留油，放入面包糠、蒜末，稍炸，盛出备用。

◎锅留少许底油，下鸡肉块煸炒 2 分钟，调入盐，炒入味，盛出装盘，撒上面包糠、蒜末即可。

南瓜汁烩蝴蝶粉

原材料 意大利蝴蝶粉 250 克，洋葱 50 克，南瓜 50 克

调味料 盐 5 克，鸡粉 3 克，紫苏酱 6 克，香叶 2 片，牛油、淡奶油、高汤、蒜末适量

| 制 | 作 | 方 | 法 |

◎将洋葱洗净，切丝；南瓜洗净，切片；意大利蝴蝶粉入沸水中煮七成熟，捞出过冷水备用。

◎锅烧热，下入牛油烧化，爆香蒜末，将洋葱、南瓜、香叶下入锅中翻炒，再加适量高汤，煮沸，将汤倒入搅拌机中，打烂成汁。

◎锅中再下入牛油烧化，将煮好的意大利蝴蝶粉下入锅中炒，再将制好的洋葱、南瓜汁下入锅中，加入淡奶油及盐、鸡粉，拌匀，盛盘，再淋上少许紫苏酱即可。

椒盐掌中宝

原材料 鸡脆骨 300 克，鸡蛋 1 个，红椒 1 个，胡萝卜粒适量

调味料 盐 5 克，味精 6 克，胡椒粉 5 克，辣椒酱 8 克，葱段 20 克，食用油、料酒各适量，淀粉、蒜末各少许

制作方法

◎把鸡蛋打成蛋液；将鸡脆骨洗净，汆烫，再用鸡蛋液、淀粉、蒜末、胡萝卜粒调成的汁腌渍 2 小时；红椒洗净，切块备用。

◎热锅注食用油，下鸡脆骨入锅中稍炸，盛出，沥油。

◎净锅注食用油，烧热，下鸡脆骨、红椒、葱段、盐、味精、料酒、胡椒粉、辣椒酱入锅，爆炒 2 分钟，即可出锅。

香炸鸡块

原材料 鸡腿肉 300 克，鸡蛋 2 个，面粉 200 克

调味料 盐、味精、白胡椒粉各少许，食用油适量

制作方法

◎将鸡腿肉用刀背轻轻拍打 5 分钟，把肉拍松后，洗净擦干，拌入盐、味精、白胡椒 30 分钟使之入味。

◎将鸡蛋打成蛋液，然后将腌好的鸡肉裹上面粉，放入蛋液中上浆。

◎将食用油烧到七成热，放入鸡块炸至金黄色即可。

烤牛板筋

原材料 牛板筋 300 克

调味料 酱油、胡椒粉、辣椒粉、孜然、食用油各适量

制作方法

◎将牛板筋洗净，放入锅中煮熟后切成片，用竹签串起来。

◎将牛板筋刷上食用油，放在炭火上烤至颜色呈金黄色，刷上酱油，撒上胡椒粉、辣椒粉、孜然即可。

香煎肉丸

原材料 猪肉馅 300 克，鸡蛋 2 个，芹菜段少许

调味料 葱 3 克，姜适量，鸡精、香油各少许，料酒 10 毫升，生抽 10 毫升，白糖 5 克，高汤 500 毫升，盐 6 克，水淀粉少许，油适量

制作方法

◎葱、姜洗净，切末；将猪肉馅放入容器中，加入盐、料酒、葱、姜末、鸡精，搅拌均匀，加入鸡蛋与水淀粉顺一个方向搅拌上劲；芹菜段洗净后入沸水中焯水。

◎平底锅中放少许油，将搅拌上劲的肉馅挤成大小适中的丸子，放入煎锅中小火煎至金黄时盛出备用。

◎平底锅内留少许底油，烧至八成热放入葱、姜末爆香，加入芹菜段、料酒、生抽、鸡精、高汤与白糖，待沸腾后加入丸子转小火烧至汤汁浓郁，转大火，淋水淀粉与香油即可出锅。

蒜香鸡翅

原材料 鸡翅 300 克

调味料 蒜末、料酒、盐、味精、酱油各适量

制作方法

◎将鸡翅洗净，划上几刀花刀，用料酒、盐、酱油、味精、蒜末腌渍约 2 小时。

◎将鸡翅放入微波炉烤盘中，烤约 10 分钟后取出，将鸡翅翻面后续烤约 10 分钟，盛出装盘即可。

孜然寸骨

原材料 寸骨 300 克，红椒 1 个，干辣椒适量

生抽、白糖、味精、料酒各少许，姜末、蒜末、葱末、孜然粉各适量，食用油适量

|制|作|方|法|

◎将干辣椒洗净，切段；红椒去籽，切末；寸骨洗净，斩件，用生抽、味精、料酒腌一下，再放入蒸锅内隔水蒸熟，滤去蒸汁待凉，蒸汁留用。

◎热锅注食用油，烧至八成热，把寸骨炸至表面金黄，捞起沥油。

◎锅留少许底油，烧热，爆香姜末、蒜末、红椒末和干辣椒，下寸骨，加入适量蒸汁、孜然粉、生抽、白糖、味精调制成的味汁，翻炒至汁浓，撒上葱末，出锅即可。

辣子掌中宝

原材料 鸡脆骨 300 克，鸡蛋 1 个，熟白芝麻少许

盐 5 克，味精 3 克，花椒 20 克，料酒 5 毫升，淀粉适量，葱末 15 克，姜末 15 克，蒜末 10 克，干辣椒 200 克，食用油适量

|制|作|方|法|

◎鸡脆骨洗净，加入少许盐、料酒，腌渍入味待用；鸡蛋磕入碗中，搅打均匀；干辣椒洗净，擦干水分，切段。

◎将鸡脆骨用蛋液拌匀，裹上淀粉，放入油锅中炸至酥香。

◎锅留食用油，烧热，爆香干辣椒、花椒，下鸡脆骨翻炒，调入盐、味精、姜末、蒜末炒匀，撒上葱末、熟白芝麻即可。

蒜香骨

原材料 猪肉排 300 克，胡萝卜 1 个，洋葱、芹菜、香菜各适量

盐、胡椒粉、味精、鸡精、玫瑰露酒、松肉粉、食粉各适量，蒜 150 克，食用油 1000 毫升

|制|作|方|法|

◎猪肉排洗净，斩成 8 厘米左右长的段，入沸水中氽烫去血水；蒜、胡萝卜、洋葱、芹菜、香菜均剁成末放入盆内备用。

◎将猪肉排沥干水分，放入菜末盆中，加入松肉粉、食粉、玫瑰露酒及盐、胡椒粉、味精、鸡精等拌匀，腌制 3 个小时左右。

◎炒锅置火上，放入食用油烧至五成热；取出排骨，抹去其表面的蔬菜末，下油锅炸至八九成熟捞出；待锅中油温升至七八成热时，将排骨下锅复炸至色呈金红且熟，捞出沥油，装盘即可。

炸鸡腿

原材料 鸡腿 300 克，鸡蛋 1 个

面粉适量，盐 5 克，花椒粉少许，胡椒粉适量，味精 2 克，料酒、姜片、油适量

|制|作|方|法|

◎把鸡腿洗净，放入适量的盐、花椒面、胡椒粉、味精、姜片、料酒，码入味。

◎把鸡蛋打成蛋液备用（可以加入适量纯牛奶）；面粉中加入盐、花椒面备用。

◎把入味后的鸡腿在蛋液里沾一下，再放入面粉中裹面粉。

◎在锅中放入油烧热，把处理好的鸡腿放入油锅中，用小火炸熟。

烤五花肉

原材料 五花肉 200 克

盐、酱油、辣椒粉、孜然、辣椒油各适量

|制|作|方|法|

◎将五花肉洗净，切成小块，用竹签串起来，放在炭火上烤。

◎烤至五花肉出油时，刷上酱油和辣椒油，撒上盐、孜然、辣椒粉即可。

串烧虾

原材料 基围虾 200 克，红椒丁 10 克

调味料 辣椒酱 5 克，蒜末 3 克，蚝油 5 毫升，盐 3 克，味精 2 克，鸡精 2 克，粗盐 100 克，葱末、食用油适量

|制|作|方|法|

◎将基围虾去肠泥、洗净，用竹签从尾部穿入，放入沸水锅中氽烫至熟，捞出，沥水。

◎净锅上火，注入食用油，烧至七成油，放入串虾略炸一下，捞出装盘。

◎锅留少许底油，放入辣椒酱、蒜末、蚝油、盐、味精、鸡精，加入红椒丁，淋在虾肉上；将粗盐炒热，包入锡纸中，摆上串虾，撒上葱末即可。

炸鱿鱼须

原材料 鱿鱼须 250 克

调味料 盐 5 克，天妇罗粉少许，食用油适量，味淋、日本酱油各适量

|制|作|方|法|

◎将鱿鱼须洗净备用；天妇罗粉放入碗中，加盐和适量的水，调成糊。

◎将鱿鱼须裹上糊，入油锅中炸熟，再捞出沥油。

◎配上味淋、日本酱油调成的味汁，供蘸食即可。

香酥鱼片

原材料 鱼肉 200 克，蛋液适量，熟白芝麻 10 克

调味料 食用油 10 毫升，淀粉 10 克，葱姜汁、花椒水、料酒、盐、白糖各适量

|制|作|方|法|

◎将鱼肉剖开，切成片状，用料酒、花椒水、葱姜汁、盐、白糖腌片刻；将熟白芝麻擀碎备用。

◎将蛋液、淀粉及适量水调成蛋糊。

◎将鱼片挂匀蛋糊，蘸匀碎芝麻，用手拍牢，放入热油锅内炸成金黄色即可。

炸鱿鱼卷

原材料 鱿鱼卷 300 克，鸡蛋 2 个，面粉、面包糠适量

调味料 日式炸虾汁、食用油适量

|制|作|方|法|

◎将鸡蛋打成蛋液；鱿鱼卷洗净，裹上面粉，沾上蛋液，滚上面包糠。

◎将鱿鱼卷放入油锅中炸熟至表面金黄色。

◎用刀将炸好的鱿鱼卷切成段，装盘，用日式炸虾汁蘸食即可。

椒盐羊排

原材料 羊排 300 克，青、红椒各 1 个

调味料 孜然少许，盐 5 克，味精 3 克，红油 2 毫升，食用油 300 毫升

|制|作|方|法|

◎将羊排洗净斩小块；青、红椒洗净，切丁备用。

◎将羊排放入沸水中氽去血水，捞出后沥干，再入油锅中炸至金黄色，捞出沥油。

◎将锅中放入青、红椒丁炒香，放入羊排、盐、味精、红油、孜然炒匀即可。

香煎猪扒

原材料 猪扒 200 克，面包糠 50 克，洋葱 1/4 个

调味料 橄榄油适量，黑胡椒 1 克，盐 3 克，柠檬汁 15 毫升

|制|作|方|法|

◎将猪扒切成 5 毫米厚的大片，用刀背把肉拍松，腌制和煎炸的时候更好入味。

◎将肉片放入容器里，加入盐、黑胡椒、柠檬汁和橄榄油，搅匀后腌制 5 分钟。

◎面包糠倒入一个平盘中，将腌渍好的肉片双面沾满面包糠，用手压实。

◎锅中倒入橄榄油，加热至四成热时，放入切好的洋葱，煸炒出香味；将洋葱取出，把猪扒放入锅中，改成中火，将双面煎成金黄色，再切成小块摆盘即可。

烤羊肉

原材料 羊肉 400 克

调味料 盐、酱油、辣椒、孜然、辣椒油各适量

|制|作|方|法|

◎将羊肉洗净，切成块，放上所有的调味料腌渍 10 分钟。

◎将羊肉用竹签串起来，放在炭火上烤熟即可食用。

香辣烤羊排

原材料 羊排 300 克，熟白芝麻 10 克

调味料 盐 10 克，孜然粉 10 克，辣椒粉 15 克，葱末、食用油、酱油、黄酒、胡椒粉各适量

|制|作|方|法|

◎将羊排洗净，用刀背拍松，切块备用。

◎羊排中加盐、酱油、黄酒、胡椒粉拌匀，腌渍 2 小时。

◎将腌好的羊排在炭火上翻烤，边烤边刷食用油，并均匀地撒入孜然粉和辣椒粉，至羊肉熟透，撒上葱末和熟白芝麻即可。

烤猪肋骨

原材料 猪肋排 500 克，洋葱 1 个，菠萝 2 片

调味料 酱油 5 毫升，梅林酱 5 克，嫩肉粉少许，姜 20 克，蒜 3 粒，苹果汁 15 毫升，凤梨汁 5 毫升，白糖 20 克，米酒、盐、胡椒各适量

|制|作|方|法|

◎将整个猪肋排带骨切开，洗净，沥干水分；姜、蒜洗净后拍碎；洋葱切丝。

◎将猪肋排和洋葱及所有的调味料放入一个大容器中拌匀，然后将容器封口放入冰箱内过夜，以腌渍入味。

◎烤架预热后，在烤网上刷一层油，取出猪肋排放于烤架上，烤约 6~8 分钟，翻面再烤，直至两面焦黄，同时将菠萝片略烤，一起装盘即可。

烤薄荷羊扒

原材料 羊扒 300 克，西兰花、扁豆、荷兰豆各 40 克，胡萝卜丝 30 克

调味料 盐、胡椒粉、黑椒碎、薄荷酱、白兰地、牛油各适量

|制|作|方|法|

◎羊扒洗净，带骨分成三块，用盐、胡椒粉、黑椒碎、白兰地、薄荷酱腌半小时，入扒炉煎熟。

◎锅中下入牛油，烧热，将洗切好的西兰花、扁豆、荷兰豆下入锅中炒熟，盛入盘中垫底。

◎将煎好的羊扒放在蔬菜上面，再配上炸好的胡萝卜丝装饰即可。

串烧牛肉

原材料 牛肉 300 克

调味料 食用油、盐、味精、黑胡椒、烧汁各适量

| 制 | 作 | 方 | 法 |

◎将牛肉洗净，切成小块，用竹签串好。

◎在铁板上倒入适量食用油，烧热，将牛肉串放在铁板上，煎至肉熟，再将黑胡椒、味精、盐及烧汁淋上去，调入味即可。

烤牛肉丸

原材料 牛肉丸 300 克

调味料 酱油、胡椒粉、食用油、辣椒粉各适量

| 制 | 作 | 方 | 法 |

◎将牛肉丸对半切开，打上十字花刀，串好。

◎将牛肉丸刷上一层食用油，放在炭火上烤，烤到牛肉丸开花时，刷上酱油，撒上胡椒粉、辣椒粉，烤出香味即可。

蒜香羊排

原材料 羊排 300 克，鸡蛋 2 个

调味料 盐 10 克，鸡精 3 克，料酒 10 毫升，嫩肉粉 10 克，腐乳、白糖、面粉、淀粉、蒜末、食用油各适量

| 制 | 作 | 方 | 法 |

◎将羊排洗净后切成 6 厘米长的段，放入容器中，加蒜末、料酒、盐、白糖、鸡精、腐乳、嫩肉粉拌匀腌制片刻备用。

◎将鸡蛋打入碗中，放入面粉和淀粉各适量，加少许食用油，搅拌成糊，将羊排放入蛋液面粉糊沾均匀，然后再沾上干淀粉。

◎坐锅上火，倒入食用油，至五成热时，逐个下入羊排，炸至表面酥脆，捞出即成。

烤牛颈肉

原材料 牛颈肉 250 克，芦笋、胡萝卜、西兰花各 20 克，焗豆 1 小碗

调味料 盐 5 克，鸡粉 3 克，牛油适量，百里香、黑椒碎、胡椒粉少许

| 制 | 作 | 方 | 法 |

◎将牛颈肉洗净，用黑椒碎、盐、胡椒粉腌入味，再入焗炉中烤熟。

◎锅中下入牛油，烧热，将洗切好的芦笋、胡萝卜、西兰花下入锅中炒熟，再下盐、鸡粉调味，盛入盘中垫底。

◎将烤好的牛颈肉放在炒好的蔬菜上，撒上百里香，再配上焗豆即可。

烤牛肉

原材料 牛肉 200 克，红尖椒 10 克

调味料 食用油适量，酱油 8 毫升，蒜末、姜末各 5 克，白糖 5 克，香油 15 毫升，胡椒粉少许

| 制 | 作 | 方 | 法 |

◎将牛肉切成长片，拌入酱油、香油、胡椒粉、白糖腌约 1 小时。

◎将腌制好的牛肉片用竹签穿成串，刷一层食用油，放入 200 度的烤箱中烤约 10 分钟，翻面再烤约 5 分钟，取出盛盘。

◎将红尖椒剁碎，拌上姜末、蒜末、香油，刷在烤好的牛肉上即可。

烤鸡皮

原材料 鸡皮 300 克

盐、料酒、胡椒粉、食用油、姜片、辣椒粉、孜然、酱油各适量

|制|作|方|法|

◎将鸡皮洗净，切成大小均匀的块，用盐、料酒、姜片腌制10分钟，然后用竹签把鸡皮穿起来。

◎在鸡皮上刷上一层食用油，放在炭火上烤制片刻，再刷上少许酱油，烤至油脂出来时，撒上胡椒粉、辣椒粉、孜然，烤至入味即可。

香草干烧鸡脆骨

原材料 鸡脆骨 100 克，腰果 20 克，熟白芝麻少许

盐 3 克，香草 50 克，生粉、食用油各适量

|制|作|方|法|

◎将鸡脆骨洗净后放入香草内加盐腌渍。

◎将腌渍好的鸡脆骨放入生粉内裹上一层，入六成热的食用油中炸至金黄色，捞出沥油。

◎腰果粘上熟白芝麻，入油锅内炸香后捞出。

◎将鸡脆骨和腰果一起装入盘内即可。

烤鸡腿

原材料 鸡腿 2 个，西兰花、焗豆各适量

黑椒、番茄酱、蜜糖、OK汁、香叶、蒜末、盐各适量

|制|作|方|法|

◎将黑椒、番茄酱、蜜糖、OK汁、香叶、蒜末、盐盛入碗中，搅匀成汁，抹在鸡腿上，腌制 12 小时，再带汁入焗炉烤至变色，取出，用锡箔纸包住腿骨上无肉的一端。

◎将焗豆入锅中煮好，盛入盘中，放上烤好的鸡腿，配上焯熟的西兰花即可。

食在实惠：在烧煮之前，应将整只鸡腿用叉子插洞，如此较容易熟透，也更易入味。

香辣烤翅

原材料 鸡翅尖 10 个，香菜少许

酱油、黑胡椒粉、白糖、盐、淀粉、辣椒粉、孜然粉各适量

|制|作|方|法|

◎将鸡翅尖洗净，并划上几刀。

◎用酱油、黑胡椒粉、白糖、盐及适量淀粉、水调成调料汁。

◎在鸡翅上均匀地刷上一层调料汁，放入烤盘中，撒上盐、辣椒粉、孜然粉，放入烤箱，以 250 度的温度烤约 10 分钟，取出装盘，撒上香菜即可。

串烧鸡肉

原材料 鸡肉 300 克

盐、味精、黑胡椒、烧汁、油各适量

|制|作|方|法|

◎将鸡肉洗净，切成小块，用竹签串好。

◎铁板上倒适量油，烧热，将鸡肉串放在铁板上，煎至肉熟，再浇上黑胡椒、味精、盐及烧汁，调入味即可。

烤蟹柳

原材料 蟹柳 100 克，熟白芝麻适量

调味料 盐、胡椒粉、食用油各适量

|制|作|方|法|

◎将蟹柳切成大小均匀的块。

◎把蟹柳块用竹签串起来，刷上一层食用油，放在炭火上烤熟，再撒上盐、熟白芝麻、胡椒粉即可。

烤秋刀鱼

原材料 秋刀鱼 2 条

调味料 盐、柠檬汁、鸡精、料酒、胡椒粉、酱油、香油各适量

|制|作|方|法|

◎将秋刀鱼洗净，去鳞、鳃、内脏，控干水分。

◎将秋刀鱼用盐、料酒腌制半小时后用竹签穿好。

◎把秋刀鱼放在铁架网上，刷上一层香油，置炭火上烤至金黄色，刷上酱油，撒入盐、鸡精、胡椒粉、柠檬汁，即可食用。

烤凤爪

原材料 凤爪 300 克

调味料 卤汁 300 毫升，辣椒粉 5 克，孜然粉少许，食用油适量

|制|作|方|法|

◎将凤爪剁去脚趾，洗净，放入沸水锅中余烫片刻。

◎净锅上火，注入卤汁，放入凤爪卤煮约 30 分钟，捞出，用竹签串好。

◎在凤爪上均匀地刷上一层食用油，放在炭火上烤，边烤边撒上辣椒粉和孜然粉，待香味溢出即可。

烤扇贝

原材料 扇贝 2 个，红椒碎适量

调味料 胡椒粉、盐、鸡精、葱末、蒜各适量，食用油适量

|制|作|方|法|

◎将扇贝洗净，去掉沙线；蒜去皮洗净，剁碎。

◎锅中放食用油，将剁好的蒜放在锅中炒香，下入胡椒粉、盐、鸡精炒匀，盛出，铺陈在扇贝肉面上，置于烤网上烤熟，撒上葱末、红椒碎即可。

烤鸡胗

原材料 鸡胗 200 克

调味料 盐、胡椒粉、酱油、食用油、辣椒粉、孜然粉各适量

|制|作|方|法|

◎将鸡胗洗净，切成厚片。

◎用竹签把鸡胗串起来。

◎把串好的鸡胗串刷上食用油，放在炭火上烤 2 分钟，撒上盐、胡椒粉、辣椒粉、孜然粉，刷上酱油，烤至出香味即可。

干烤鱿鱼

原材料 干鱿鱼 2 个

|制|作|方|法|

◎将干鱿鱼身体里的骨头去掉，用竹签串起来。

◎把鱿鱼放在炭火上面烤，烤至两面微黄时取出，用剪刀将鱿鱼剪成丝状即可。

食在实惠：烤制干鱿鱼最重要的是掌握烤制的时间，太熟的鱿鱼不好吃，因此不能烤太久。

烤鱿鱼须

原材料 鱿鱼须 200 克

调味料 酱油、食用油、胡椒粉、辣椒粉、孜然粉各适量

|制|作|方|法|

◎将鱿鱼须洗净，用竹签串起来。

◎把鱿鱼须放在炭火上烤干水分，刷上食用油，撒上胡椒粉、辣椒粉、孜然粉，刷上酱油，烤至出香味即可。

大葱烤鱼

原材料 鲤鱼 300 克，芹菜 50 克，红椒 2 个，香菜 10 克，熟白芝麻 5 克

调味料 盐 5 克，鸡精 4 克，大葱 50 克，料酒适量，孜然粉适量，香油 10 毫升

|制|作|方|法|

◎大葱洗净，切成段；红椒洗净后切成斜圈；香菜洗净；芹菜洗净，切段。

◎先将鲤鱼宰杀，开背，洗净，加盐、鸡精、料酒码味，再放火上烤，中途刷香油，撒孜然粉，烤制成熟。

◎盘中加大葱垫底，将烤好的鲤鱼装入盘内，撒上香菜、红椒和熟白芝麻即可。

粉丝烤扇贝

原材料 扇贝 2 个，粉丝适量

调味料 黑椒粉、盐、味精、烧酱汁、葱丝各适量

|制|作|方|法|

◎将粉丝泡发好，再入开水中烫熟备用。

◎将扇贝去壳，抹上盐、味精、黑椒粉，在炭火上烤至熟，放在盛有粉丝的盘中，再浇上烧酱汁，撒上葱丝即可。

蒜蓉烤生蚝

原材料 生蚝 2 个，红尖椒适量

调味料 蒜末、葱、面包粉、食用油各适量

|制|作|方|法|

◎将生蚝撬开治净，注意不要破坏生蚝甜美的汁液；葱洗净，切碎；红尖椒切圈，备用。

◎锅中放少许食用油烧至微温，下入蒜末，爆炒至香味溢出，加入面包粉，拌匀制成蒜蓉酱。

◎把生蚝带壳直接放在烧烤架上烤制，随温度的变化，生蚝会逐渐渗出鲜汁，至蚝肉表面的汤汁渐干时，将蒜蓉酱淋入，继续烤约 2 分钟，撒上葱碎、红尖椒圈即可。

十至十五元美食

回味猪手

原材料 猪手 500 克

调味料 料酒、盐、老抽、白糖、姜片、葱段、八角、丁香、肉桂、沙姜、白芷、砂仁、豆蔻各适量

|制|作|方|法|

◎将猪手洗净，放入沸水锅中氽烫片刻，捞出，洗净血水，斩成段，用老抽、料酒、盐、白糖、姜片、葱段腌渍约30分钟。

◎净锅上火，锅内注入适量清水，加入八角、肉桂、丁香、姜片、沙姜、白芷、砂仁、豆蔻，加盖烧沸后下猪手入锅，加盖。

◎以微火慢炖，至猪手肉熟软，捞出晾凉，切件摆盘即可。

千层顺风耳

原材料 猪耳 4 个

调味料 卤水 500 毫升，香油 10 毫升，盐 3 克，味精 3 克

|制|作|方|法|

◎将猪耳放入火中，烧尽猪毛，浸入水中，洗净，叠在一起，卷成筒形，用绳子捆紧、扎实，放沸水锅中煮10分钟，取出。

◎将猪耳放入卤水中，慢火卤制约80分钟，取出，晾凉后放入冰柜中冷藏 3 小时，除去绳子，将猪耳切成薄片。

◎将盐、香油、味精拌匀，浇在猪耳上即可。

蒜泥白肉

原材料 猪五花肉 500 克，生菜叶一大张

调味料 酱油 20 毫升，红油 20 毫升，葱末适量

蒜泥汁 蒜末 50 克，盐 5 克，味精 6 克，香油、高汤各少许

|制|作|方|法|

◎将猪五花肉洗净，入锅中煮熟，再用原汤浸泡 40 分钟，起锅晾凉后，放入冰箱；生菜叶洗净，备用。

◎将冷冻后的猪肉切成薄片，整齐地摆放在铺有生菜叶的长盘中。

◎将蒜泥汁、酱油、红油均匀地淋在白肉上，最后撒上葱末即可。

猪皮冻

原材料 猪皮 500 克

调味料 盐 5 克，味精 3 克，鸡精 3 克，蒜末 10 克，生抽 5 毫升

|制|作|方|法|

◎将猪皮用火烧后刮净残毛，洗净，再刮净肉里面的肥膘，切成小长条，放入盛器中。

◎净锅上火，注入适量清水，倒入猪皮，用小火煮约 2 小时，至猪皮烂熟时，连汤带皮盛出，装入盛器中，晾凉后放入冰箱，密封冷冻至猪皮凝固。

◎取出猪皮冻，切成片，装入盘中，配用蒜末、生抽、盐、味精、鸡精调制而成的味汁蘸食即可。

卤猪手

原材料 猪手 500 克

调味料 盐、葱、姜各适量，干辣椒10克，冰糖50克，卤料1包，老抽、生抽各 5 毫升

|制|作|方|法|

◎将猪手洗净，放火上燎去猪毛；斩成四块，氽水后捞出，过凉后再用小镊子去尽猪毛，冲洗一下；葱洗净后切成长段，姜洗净切片，干辣椒洗净，备用。

◎净锅上火，注入适量清水，加入卤料、老抽、冰糖、生抽、盐，大火烧沸后，加入葱段、姜片、干辣椒和猪手，改中小火开始卤制。期间可加入冰糖、老抽和盐等调料。

◎中小火卤制 1 小时至猪手软烂，即可捞出。放凉后食用。

红油猪耳

原材料 猪耳4个，熟白芝麻少许

大葱10克，蒜10克，料酒8毫升，酱油10毫升，盐5克，味精5克，辣椒油10毫升，香油6毫升

|制|作|方|法|

◎将猪耳洗净，汆烫片刻后捞出，刮净污垢。净锅上火，锅内注入清水，烹入料酒，放入猪耳煮约20分钟，至熟后捞出，斜刀切成薄片，装盘备用。
◎将大葱洗净，切丝，用清水浸泡5分钟后捞出，沥水备用；蒜去皮，切碎，连同大葱一起撒在猪耳上，淋入用酱油、盐、味精、辣椒油、香油调制而成的香辣汁，拌匀，撒上熟白芝麻即可。

酸菜拌猪耳

原材料 卤猪耳300克，酸包菜200克，青椒30克，香菜少许

盐、鸡精、酱油、香油各适量

|制|作|方|法|

◎将青椒洗净，切丝；香菜洗净，切段；卤猪耳、酸包菜分别切成丝。
◎将青椒放入沸水中焯烫片刻，捞出，沥水备用。
◎将卤猪耳、酸包菜、青椒丝、香菜放入碗中，加入盐、鸡精、酱油、香油，拌匀即可。

酸辣腰片

原材料 猪腰400克，黄瓜250克，香菜末、熟白芝麻适量

陈醋、盐、白糖、红油各适量

|制|作|方|法|

◎将猪腰洗净，片成薄片，放入沸水锅中汆熟，捞出备用。
◎将黄瓜洗净，切斜刀片，铺在盘中垫底，腰片码在黄瓜上。
◎用陈醋、盐、白糖、红油兑成酸辣汁均匀地浇在腰片上，撒上熟白芝麻、香菜末即可。

红椒拌猪耳

原材料 猪耳500克，红椒50克

姜丝5克，葱、料酒、八角、蒜、陈皮各适量，食用油10毫升，盐5克，豆豉、香醋各少许

|制|作|方|法|

◎将红椒洗净，切丝，焯水后备用；猪耳刮洗干净，在沸水中略汆，捞出。
◎另起汤锅，锅内注入适量清水，加入葱、料酒、八角、蒜、陈皮，下猪耳煮约40分钟。
◎将猪耳煮至熟透，捞出，晾凉后切片，整齐地围摆在圆盘中，淋上用食用油、盐、香醋、豆豉调成的味汁，再将红椒丝、姜丝撒在猪耳上，食用时拌匀即可。

炝拌腰条

原材料 猪腰400克，红尖椒、青辣椒各20克

葱段5克，姜块5克，黄酒、酱油、辣椒油、葱油各10毫升，盐3克，味精2克，香醋5毫升，蒜末5克

|制|作|方|法|

◎将猪腰洗净，切直纹，每隔5～6刀切断，切成条；姜块洗净，拍破备用；红尖椒和青辣椒洗净，切成圈。
◎净锅上火，注入适量清水，烧沸后，烹入葱段、姜块、黄酒，放入猪腰条，用小火焯去血水，至猪腰变色后立即捞出，放入凉开水中过凉，待猪腰凉透后，盛出，沥水备用。
◎将腰条、红辣椒圈、青辣椒圈装入盘中，淋入用酱油、辣椒油、葱油、盐、味精、香醋、蒜末调制而成的味汁，拌匀，装盘即成。

五香麻辣牛肉

原材料 牛腱肉500克，熟白芝麻少许

调味料 姜25克，盐30克，花椒5克，料酒100毫升、酱油20毫升，八角5克，沙姜3克，小茴香2克，丁香1克，砂仁2克，草豆蔻1克，桂皮2克，广香13克，辣椒油适量

|制|作|方|法|

◎将牛腱肉洗净，切块，均匀地抹上盐、花椒腌制入味；沙姜、八角、砂仁、草豆蔻、桂皮、花椒、小茴香、丁香、广香等香料装入布袋内制成香料包。

◎将香料包、姜、盐、酱油放入清水锅中，大火熬煮出香，加入牛肉块，烧沸，撇去浮沫，烹入料酒，用中火卤至牛肉熟软，改用小火加盖焖卤2小时，收浓卤汁，取出晾凉。

◎将牛肉切薄片，装盘，浇上辣椒油，撒上熟白芝麻即可。

麻辣牛肉干

原材料 牛肉500克，熟白芝麻适量

调味料 食用油、盐、酱油、茴香、八角、蒜末、白糖、料酒、辣椒粉、干红辣椒、花椒粉、胡椒粉各适量

|制|作|方|法|

◎将牛肉洗净，切大块，入沸水锅中汆去血水，捞出切片；干红辣椒洗净、切碎。

◎净锅上火，注入清水，下牛肉、茴香、八角、酱油、料酒煮至沸腾，转小火再卤制10分钟后捞出，沥水。

◎热锅注食用油，烧热后转中火，下牛肉和蒜末炒至油变清亮，调入盐、辣椒粉、干红辣椒碎、花椒粉、胡椒粉，炒匀，撒上熟白芝麻，装盘。

灯影牛肉

原材料 牛腱肉400克，熟白芝麻、香菜少许

调味料 盐5克，葱10克，姜10克，味精5克，红油100毫升，卤水适量

|制|作|方|法|

◎将牛腱肉洗净，放入沸水锅中汆去血水，取出，洗净，放入卤水中，加盐、味精煮约1小时后取出晾凉，撕成细丝，装盘；葱、姜洗净，切末。

◎净锅上火，注入红油，烧沸，下葱、姜末煸香，盛出淋在牛肉丝上，撒上熟白芝麻、香菜，拌匀即可。

陈皮牛肉

原材料 牛腱肉400克，熟白芝麻少许

调味料 盐5克，味精3克，红油50毫升，卤水、陈皮适量

|制|作|方|法|

◎将牛腱肉去筋，切成小块，入沸水中汆烫，捞出洗净，下入卤水锅中，加盐、味精煮1小时，捞出，冷却后切片。

◎将陈皮切成块，放入烧热的红油中炸香，加入牛肉块拌炒2分钟，静置至牛肉入味，撒上熟白芝麻即可。

夫妻肺片

原材料 牛肉100克，牛舌100克，牛心150克，熟白芝麻、香菜各适量

调味料 八角、沙姜、大茴香、小茴香、草果、桂皮、丁香、姜、盐、红油辣椒、花椒粉、花椒面、味精各适量

|制|作|方|法|

◎将牛肉切成块，与牛舌、牛心一起漂洗干净；八角、沙姜、大茴香、小茴香、草果、桂皮、丁香、姜装入布袋内成香料包，放入汤锅中熬煮；香菜洗净，切段。

◎将牛肉、牛舌、牛心放入卤水中，加盐、花椒粉卤至熟烂，捞出晾凉，切片，装盘，加入卤汁、红油、味精、花椒面、熟白芝麻、香菜，拌匀即成。

爽口牛筋冻

原材料 牛筋 500 克

调味料 老抽 50 毫升、黄酒 5 毫升、白糖、味精、桂皮、茴香、香叶、葱、姜各 5 克

|制|作|方|法|

◎将牛筋余水、洗净，放入锅中，加入清水、老抽、白糖、桂皮、茴香、香叶、葱、姜、黄酒烧煮 3 小时。
◎拣去锅中的桂皮、茴香、香叶、葱、姜，加入味精，倒入盘中。
◎待牛筋冷却结冻后，取出，改刀切片即成。

水晶羊皮冻

原材料 羊肉皮 500 克

调味料 盐 5 克，味精 3 克，鸡精 3 克，蒜末 10 克，生抽 5 毫升

|制|作|方|法|

◎将羊肉皮放入沸水锅中，焯烫 1 ～ 2 分钟，捞出后将毛除去，刮洗干净，挤去油分，切成条。
◎净锅上火，注入适量清水，大火烧沸，下羊肉皮，转小火煮约 2 小时，至烂熟，取出，盛入模具中，放入冰箱，冷冻 12 小时，至完全凝固。
◎取出皮冻，切成片，装入盘中，用蒜末、生抽、盐、味精、鸡精拌匀，调成味汁，蘸食即可。

凉拌牛板筋

原材料 牛板筋 300 克，黄瓜 50 克，熟白芝麻适量

调味料 辣椒粉、蒜末、酱油、白糖、盐、香油、葱段、姜块、蒜瓣各适量

|制|作|方|法|

◎将牛板筋洗净，放入锅中，加入葱段、姜块、蒜瓣和适量清水，大火煮沸后转小火慢煮 2 小时至熟，捞出晾凉，切成丝；黄瓜切丝备用。
◎将牛板筋和黄瓜丝放入盘中，调入辣椒粉、蒜末、酱油、白糖、盐、香油拌匀，撒上熟白芝麻即可。

凉拌羊皮

原材料 羊肉皮 300 克，红椒 1 个，香菜少许

调味料 白糖、盐、酱油、陈醋、鸡精、香油、葱末、姜末、蒜末、干辣椒粉、胡椒粉、姜片、料酒各适量

|制|作|方|法|

◎将羊肉皮放入沸水锅中煮熟，捞出，用刀将羊肉皮两面的污垢和油脂刮洗干净；红椒洗净，切丝；香菜洗净，切段备用。
◎净锅上火，放入羊肉皮，下胡椒粉、姜片、料酒，煮约 30 分钟，用筷子插入羊肉皮中，若能穿透，即可捞出，放入清水中过凉，捞出，沥水，切成长条。
◎将白糖、盐、酱油、陈醋、鸡精、香油、葱末、姜末、蒜末、干辣椒粉调成味汁，浇在羊肉皮上，加入红椒、香菜拌匀即可。

酱牛蹄筋

原材料 牛蹄筋 500 克

调味料 盐 15 克，冰糖 2 克，桂皮 1 克，八角 1 克，茴香、丁香、花椒各少许，大葱 3 克，蒜 5 个，姜 1 块，甜面酱 10 克

酱醋汁 姜末 5 克，蒜末 5 克，酱油 5 毫升，香醋 5 毫升

|制|作|方|法|

◎将牛蹄筋泡发好，洗净，切段，入沸水锅中余烫断生。
◎净锅上火，注入清水，调入盐、冰糖、桂皮、茴香、丁香、花椒、八角、甜面酱、大葱、姜、蒜，以旺火煮沸，加入余烫好的牛蹄筋，煮至熟烂后捞出，晾凉，切薄片，配酱醋汁蘸食即可。

香菜拌牛肚

原材料 牛肚 500 克，香菜 20 克，红尖椒 10 克

调味料 卤水 600 毫升，盐 5 克，鸡精 3 克，酱油、香醋、香油各适量，姜末、蒜末各少许

|制|作|方|法|

◎将牛肚洗净，放入卤水中卤熟，取出，沥干备用；香菜洗净，切段；红尖椒洗净，切圈。

◎将牛肚切成丝，放入盘中，撒上香菜、红尖椒圈、姜末、蒜末，淋入用盐、鸡精、酱油、香醋、香油调成的味汁，拌匀即可。

白灼爽肚

原材料 猪肚 400 克，香菜、红椒丝各适量

调味料 盐 5 克，味精 3 克，葱、蒜各适量，生抽 5 毫升，醋 6 毫升，香油、姜片、花雕酒少许

|制|作|方|法|

◎将猪肚洗净，去尽油；葱洗净切丝；香菜洗净，去叶留梗，切段，蒜去皮，切末。

◎锅中盛水烧开，加入姜片、花雕酒、猪肚，煮 90 分钟，熄火焖 10 分钟。

◎将猪肚取出，晾凉，切成条状，再用香菜梗、葱丝、蒜末、红椒丝及盐、味精、生抽、醋、香油拌匀入味即可。

黄瓜拌肚丝

原材料 猪肚 300 克，黄瓜 100 克，胡萝卜丝少许

调味料 淀粉、葱、姜、料酒、盐、味精、香油、辣椒酱、香菜碎各适量

|制|作|方|法|

◎将猪肚加淀粉搓洗干净，洗净余水，加盐、葱、姜、料酒煮至九成熟，捞出猪肚，静置放凉，待完全冷却后，放入冰箱中冷藏片刻，取出，切成条；黄瓜洗净，切成条。

◎将猪肚、黄瓜条、胡萝卜丝装入碗中，加入盐、味精，淋入辣椒酱、香油，撒上香菜碎，拌匀即成。

炝拌羊肚

原材料 羊肚 300 克，蒜薹 150 克

调味料 盐 5 克，鸡精 3 克，干辣椒 10 克，香醋、酱油、食用油各少许

|制|作|方|法|

◎将羊肚洗净；蒜薹洗净、切段；干辣椒洗净、备用。

◎将蒜薹放入沸水锅中，焯水后备用；羊肚放入沸水锅中氽熟，捞出，晾凉，切片。

◎净锅上火，注入食用油，烧热，下干辣椒煸炒出香，加入蒜薹，炒至熟软，下羊肚入锅，翻炒均匀，盛出装盘放凉。

◎将盐、鸡精、香醋、酱油混合拌匀，调制成味汁，淋在羊肚和蒜薹上，拌匀即可。

红油毛肚丝

原材料 牛毛肚 500 克，青、红椒共 50 克

调味料 蒜末 25 克，姜 20 克，料酒 10 毫升，白糖 3 克，香油 3 毫升，盐适量

红油汁 红油 50 毫升，盐 5 克，味精 3 克，高汤适量

|制|作|方|法|

◎将青、红椒分别洗净，切成长细丝；姜洗净，剁碎，备用。

◎将牛毛肚洗净，放入沸水锅中，烹入料酒和少许盐，氽烫片刻，捞出放凉后切成细丝，装入盘中。

◎将红油汁与蒜末、姜碎、白糖、香油调匀，淋入盘中，拌匀即可。

白切鸡

原材料 嫩鸡500克

调味料 姜末15克，盐5克，味精3克，食用油30毫升

|制|作|方|法|

◎将嫩鸡洗净，放入微沸的沸水锅中浸没15分钟至熟，捞出放入冰水中迅速浸凉；取适量盐、味精、姜末分别盛入两个小碟中，备用。

◎净锅上火，注食用油烧至微沸，盛出适量，淋在装有姜末、盐的两个小碟中，拌匀，制成蘸料，余油盛出，装碗。

◎在鸡皮上均匀地抹上余油，静置晾凉，将鸡切成块，拼成整鸡形，盛入盘中，配蘸料蘸食。

凉拌羊杂

原材料 羊肚50克，羊肝50克，羊肺50克，黄瓜50克，青、红椒共30克

调味料 香醋5毫升，香油8毫升，味精3克，盐5克

|制|作|方|法|

◎将羊肚、羊肝、羊肺分别洗净，切片，入沸水锅中余熟，捞出，沥水；青、红椒分别洗净，切片，入沸水锅中焯水断生；黄瓜洗净，切片。

◎将羊肚片、羊肝片、羊肺片、青椒片、红椒片分别放入盘中，用黄瓜片围边，淋上香醋、香油、味精、盐，拌匀即可。

棒棒鸡

原材料 白皮仔公鸡500克

调味料 葱白15克，酱油15毫升，香醋13毫升，芝麻酱15克，花椒粉3克，味精1克，辣椒油8毫升，香油5毫升，白糖5克

|制|作|方|法|

◎将白皮仔公鸡洗净，斩去头颈、脚爪，入沸汤锅中煮至断生，捞出放入冷开水中浸凉。葱白洗净，切成粗丝，垫于盘底。

◎取出浸凉的鸡，擦干水分，去骨，用小木棒将肉捶松（或用刀背拍松），顺筋用手撕成粗丝，码在葱白上。

◎用酱油、白糖、芝麻酱、味精、花椒粉、辣椒油、香醋、香油调成味汁，淋入盘中，食用时拌匀即成。

蒜泥羊肝

原材料 鲜羊肝300克

调味料 盐、蒜末、陈醋、姜末、味精、生抽各适量，八角、沙姜、小茴香、草果、桂皮、丁香、姜片少许

|制|作|方|法|

◎将鲜羊肝去筋膜，洗净；八角、沙姜、小茴香、草果、桂皮、丁香、姜片装入布袋内，制成香料包。

◎净锅上火，注水，放入香料包和盐，下鲜羊肝卤煮至熟，捞出，晾凉，切片，装盘。将蒜末、陈醋、姜末、味精、生抽调成汁，淋在羊肝上即可。

橘皮鸡丝

原材料 鸡脯肉400克，鲜橘皮2个，黄瓜1根

调味料 辣酱油5毫升，料酒3毫升，姜2片，盐6克，白糖、味精各2克，香油2毫升

|制|作|方|法|

◎将鲜橘皮洗净，放入清水锅中煮沸，捞出晾凉，去掉皮内白膜，切成细丝，用少许盐腌渍10分钟，略冲洗，挤干水渍。

◎净锅上火，注水烧沸，下鸡脯肉入锅，加料酒和姜片，加盖煮熟后立即捞出，放入冷开水中浸凉；将黄瓜洗净后切细丝，装盘，加盐拌匀。

◎将晾凉的鸡肉切成丝，装盘；撒上橘皮丝、黄瓜丝，加入辣酱油、白糖、味精和香油，拌匀即可。

蜇皮瓜菜

原材料 海蜇皮 200 克，黄瓜 200 克，胡萝卜 30 克，香菜少许

调味料 盐 5 克，味精 3 克，鸡精 3 克，生抽 8 毫升，香醋 10 毫升，香油适量

|制|作|方|法|

◎将黄瓜、胡萝卜分别洗净，切成丝，盛入盘中。

◎将海蜇皮切丝，放入沸水锅中余水，捞出，装在黄瓜丝、胡萝卜丝上。

◎用盐、味精、鸡精、生抽、香醋、香油混合，调成味汁，淋在海蜇皮上，调拌均匀即可。

芥末鸭掌

原材料 鸭掌 300 克，生菜 100 克

调味料 醋 15 毫升，香油 3 毫升，芥末 2 克，盐 2 克，高汤适量

|制|作|方|法|

◎生菜洗净，垫在盘内；将芥末、盐、香油、醋、高汤拌匀，入小碟，备用。

◎将鸭掌剥去外皮，用开水煮熟，脱骨，竖切两半，码在盘内，与味碟一同上桌，蘸食。

拌明太鱼

原材料 干明太鱼 300 克，熟白芝麻 8 克

调味料 白糖 10 克，盐 2 克，辣椒粉 5 克，香油 5 毫升，葱末 10 克，酱油 5 毫升

|制|作|方|法|

◎将干明太鱼用槌至松软后，剥去鱼皮，将鱼肉撕成丝，然后用水浸泡回软捞出，控干水分。

◎将明太鱼丝装入盆内，加上辣椒粉反复搓拌，使明太鱼丝染上红色，加入白糖、盐、酱油、香油、熟白芝麻拌匀，撒上葱末即成。

青笋拌海蜇

原材料 隔年腌制的海蜇 300 克，青笋 100 克，熟白芝麻少许，香菜 15 克

调味料 酱油 15 毫升，白糖 5 克，味精 3 克，香油 10 毫升，红油 15 毫升，辣椒粉 5 克

|制|作|方|法|

◎选用隔年腌制的海蜇，洗去泥沙，放清水里浸泡 5 小时，再冲洗干净泥沙，顺着蜇瓣切成丝，用水冲数小时备用。

◎将青笋洗净，去外皮后切成丝，放入沸水里烫一下，捞起沥干水分备用。

◎将海蜇丝滤去水，放大碗内，注入沸水烫一下，立即将沸水沥干，趁热加青笋丝、酱油、白糖、味精、辣椒粉拌匀，再淋入香油、红油，撒上焙香的熟白芝麻和香菜即可。

冰镇黄鳝片

原材料 黄鳝 400 克，柠檬汁适量

调味料 姜片、芥末适量，酱油少许，冰块适量

|制|作|方|法|

◎将黄鳝洗干净，去骨，切去头，切成片；将芥末、酱油、柠檬汁调匀制成味碟。

◎锅中注入适量的水，放入姜片，大火烧开后，放入黄鳝片，大火烫至黄鳝肉由红变白。

◎大碗里放入冰块，将黄鳝片放在冰块上，冰镇至凉透，用小刀把黄鳝片上的白沫刮去、洗净。

◎碟里放冰块，放入黄鳝片，配味碟蘸着吃。

鱼冻

原材料 鲜鱼 400 克

盐、味精、料酒、姜、醋、油各适量

|制|作|方|法|

◎鲜鱼去除内脏、去头、去皮，洗净后切成大块，放入锅内，加水及醋稍余去腥后取出，过冷水冲凉；姜洗净，切片。

◎热油锅，倒入鱼片翻炒，加料酒、姜片去腥味，倒入冷水，小火熬煮，待汤变成白色时，加入盐、味精调味后起锅。

◎把鱼汤滤出，倒入模型中，放入冰箱冷冻6小时便成了鱼冻。

凉拌素黄螺

原材料 素黄螺 200 克，青、红椒各 1 个

花椒、盐、白醋、白糖、香油、食用油各适量，蒜末适量

|制|作|方|法|

◎素黄螺洗净；青、红椒洗净、切块。

◎净锅上火，注入适量清水，烧至沸腾后，将素黄螺余烫至熟，捞出，控干水分，晾凉后装碗备用。

◎净锅上火，注入食用油，烧至三成热时，将青、红椒块放入油锅中略炸，捞出，淋在素黄螺上，调入由蒜末、花椒、盐、白醋、白糖、香油制成的味汁，拌匀即可。

凉拌海蜇头

原材料 海蜇头 150 克，熟白芝麻少许

葱末 25 克，酱油 15 毫升，白糖 5 克，味精 3 克，香油 15 毫升，食用油适量

|制|作|方|法|

◎海蜇头放清水里浸泡 5~6 小时，再洗净泥沙，顺着蜇瓣切成小片，用沙滤水冲数小时备用。

◎将葱末放小碗内，净锅上火，注入食用油，烧至高温，盛出冲入葱末碗内，使葱末发出香味，即成葱油。

◎将海蜇片滤去水，放大碗内，注入 80 度的沸水烫一下，立即将沸水滗干，趁热加酱油、白糖、味精拌匀，再淋入香油、葱油，撒上熟白芝麻即可。

卤鹅掌

原材料 鹅掌 8 个

白卤水 2000 毫升，葱段 10 克，姜片 5 克

|制|作|方|法|

◎将鹅掌用温水浸泡后，刮洗干净，捞出备用。

◎将锅内放入清水烧滚，放入鹅掌焯透，捞出，放入凉水中过凉。

◎净锅内注入白卤水，加入葱段、姜片和鹅掌，大火烧开后转入小火，卤约 25 分钟捞出即可。

冰镇四宝

原材料 芥蓝 100 克，黄鳝 100 克，鱼皮 100 克，熟牛肉 100 克

芥末适量，酱油 10 毫升，盐少许

|制|作|方|法|

◎将芥蓝去叶子、表皮后入沸水余烫，浸入冰水中凉透，捞起切段，备用。

◎将黄鳝宰杀，去内脏和骨头，切成片，入以加少许盐的沸水中余烫后捞起。

◎将鱼皮放入沸水锅中，余烫后立即捞出，沥水；熟牛肉切成薄片，备用。

◎将准备好的芥蓝、黄鳝片、鱼皮、牛肉片整齐地放入装有冰块的盘中，配芥末和酱油蘸食。

酱鸭舌

原材料 鸭舌 250 克

调味料 酱油 250 毫升，姜 10 克，葱 20 克，料酒适量，味精 2 克，草果粉 1 克，桂皮粉 1 克

|制|作|方|法|

◎将鸭舌去掉外皮，洗净，在阴凉通风处晾干。
◎将酱油、草果粉、桂皮粉、味精调匀，放入鸭舌浸 1 小时左右捞出，晒上 1 天。
◎将鸭舌放入盆内，淋上料酒，放上葱、姜，上笼蒸约 10 分钟，取出，摆盘即成。

老醋蜇头

原材料 海蜇头 300 克，芹菜梗 50 克，红椒 1 个，香菜适量

调味料 盐 2 克，生抽 10 毫升，陈醋 30 毫升，白糖 3 克，味精 2 克，香油 10 毫升

|制|作|方|法|

◎将海蜇头洗去泥沙，放入清水中，浸泡 6 小时后，冲洗干净，顺切成粗丝，再用水冲泡备用；香菜洗净，切成小段；红椒洗净，切长丝；芹菜梗洗净，切丝。
◎将海蜇丝滤去水，放入大碗内，注入沸水略烫一下，立即将沸水倒掉，趁热加入盐、陈醋、酱油、白糖、味精拌匀，再加入红椒丝、芹菜梗、香菜，淋入香油装盘即可。

蒜苗腊肉

原材料 腊肉 200 克，青蒜苗 50 克

调味料 盐 5 克，鸡精 3 克，胡椒粉 3 克，姜、食用油适量

|制|作|方|法|

◎将腊肉洗净，放入滚水中氽烫，捞出晾凉，切薄片；青蒜苗洗净，切段；姜去皮，切丝备用。
◎将锅中倒入适量食用油烧热，爆香姜丝，放入腊肉以大火快炒，再下青蒜苗、盐、鸡精、胡椒粉炒匀入味即可。

西兰花炒牛肉

原材料 牛肉 400 克，西兰花 200 克，红尖椒 30 克

调味料 盐 5 克，味精 3 克，鸡精 3 克，嫩肉粉、水淀粉、料酒适量，食用油适量

|制|作|方|法|

◎将牛肉洗净，切片，用嫩肉粉、料酒腌渍备用；西兰花洗净，切成小朵，焯水备用；红尖椒洗净，切圈。
◎净锅注食用油，烧热，下牛肉炒至八成熟，将西兰花下入锅中翻炒，加少许水，焖煮一会，再下盐、味精、鸡精调味，再用水淀粉勾芡即可。

腰果炒牛肉

原材料 牛肉 200 克，青椒 20 克，红椒 20 克，木耳 15 克，腰果 50 克，洋葱 15 克

调味料 料酒、盐、蚝油各适量，生抽、生粉、姜末各少许，蒜瓣 5 克，食用油适量

|制|作|方|法|

◎将牛肉切丝，拌入少许生抽、生粉、姜末腌渍片刻；青椒、红椒、木耳、洋葱洗净，切小块备用。
◎腰果下入低温油锅中浸炸至熟后，捞出控油。
◎锅放食用油，爆香蒜瓣，下入腌好的牛肉炒散，再加入青椒、红椒、木耳、洋葱及料酒、盐、蚝油翻炒至入味，下腰果炒匀即可。

脆炒牛蹄筋

原材料 鲜牛蹄筋 450 克，蒜薹 120 克

调味料 盐 5 克，味精 4 克，辣椒酱 12 克，香油 5 毫升，食用油 15 毫升，干辣椒 20 克，卤水适量

|制|作|方|法|

◎将鲜牛蹄筋下卤水中卤好，切条状；蒜薹洗净，切寸段。

◎将锅中下食用油烧热，放入蒜薹、干辣椒炒香，下牛蹄筋、盐、味精、辣椒酱翻炒均匀，出锅前淋上香油即可。

花椒牛柳

原材料 牛里脊肉 400 克，鲜花椒 20 克，青椒 10 克，红尖椒 10 克

调味料 盐 8 克，味精 5 克，料酒 5 毫升，姜 5 克，葱 3克，蒜 4 克，胡椒 5 克，红油 8 毫升，淀粉 10 克，食用油适量

|制|作|方|法|

◎将牛里脊肉切条，用盐、料酒稍腌渍，再裹上淀粉，过油待用；青椒、红尖椒洗净切段。

◎锅中注食用油，烧热，下入鲜花椒爆香，加入牛肉，炒香，再下入青椒、红尖椒和味精、姜、葱、蒜、胡椒、红油炒匀即可。

泡椒牛肚

原材料 牛肚 300 克

调味料 蒜片、花椒、姜丝、生抽、盐、味精、泡椒、食用油各适量

|制|作|方|法|

◎将牛肚洗净，入锅中煮熟，切成片。

◎将锅中放食用油，油烧热后放入姜丝、蒜片和花椒炒香，再放入泡椒翻炒。

◎将牛肚片放入锅中快速煸炒，肚片煸干水分时下入生抽、盐、味精翻炒 2 分钟即可。

腊肉炒藜蒿

原材料 藜蒿 300 克，腊肉 200 克，红尖椒 50 克

调味料 盐 5 克，鸡精 6 克，葱末 8 克，香油 10 毫升，食用油适量

|制|作|方|法|

◎将藜蒿洗净，除去根，留嫩茎，再切成段；腊肉洗净，切丝；红尖椒洗净，切圈。

◎将食用油注入锅中烧热，下入腊肉，爆炒 2 分钟，再加入藜蒿、红尖椒圈和葱末煸炒至藜蒿碧青时，加入盐、鸡精炒匀，起锅盛盘，再淋上香油即成。

马蹄炒牛柳

原材料 牛里脊肉 350 克，马蹄 100 克，香芹 50 克，红萝卜 20 克，豆腐 50 克，红尖椒 10 克

调味料 盐 5 克，香油 10 毫升，料酒 10 毫升，味精 5 克，淀粉 10 克，姜 1 小块，胡椒粉 10 克；食用油、清水适量

|制|作|方|法|

◎将牛里脊肉洗净，用刀背轻轻拍松肉片两面，切成薄片；马蹄洗净，切片；香芹洗净，去叶，切小段；红萝卜洗净，切片；红尖椒洗净，切段；姜洗净切末；豆腐洗净，切片。

◎将牛肉片用盐、味精、胡椒粉、姜末、料酒、水、淀粉混合拌匀，腌制 10 分钟。

◎净锅上火，注食用油烧热，把豆腐炸至金黄，捞出；放入腌好的牛肉片，用小火滑炒片刻，再放进马蹄、豆腐、香芹、红萝卜、红尖椒，加盐翻炒一会，淋入香油，装盘即可。

韭菜炒羊肝

原材料 韭菜 150 克，羊肝 150 克，胡萝卜 10 克

调味料 食用油 10 毫升，盐 5 克，味精 2 克，白糖 1 克，绍酒 2 毫升，胡椒粉少许，湿生粉适量，姜 10 克

|制|作|方|法|

◎将韭菜洗净切成段；羊肝切成丝；胡萝卜去皮切丝；姜去皮切丝。

◎锅内加水，待水开时，投入羊肚丝、绍酒，用中火烫至八成熟，捞起滴干水。

◎另烧锅下食用油，放入姜丝、韭菜段、胡萝卜丝，翻炒多次，加入羊肚丝，调入盐、味精、白糖、胡椒粉炒透，用湿生粉勾芡，即可入碟食用。

尖椒羊肠

原材料 羊肠 300 克，尖椒 50 克

调味料 盐 5 克，味精 3 克，蒜片少许，花雕酒少许，干辣椒 50 克，食用油适量

|制|作|方|法|

◎将羊肠洗净备用；尖椒切丝；干辣椒切段。

◎将洗净的羊肠放入沸水中煮 40 分钟，捞出，沥水切段，放入油锅中，炸干水分，捞出控油。

◎锅底留少许食用油，下入羊肠、尖椒、干辣椒段、蒜片，喷上花雕酒，放盐、味精，炒至入味即可。

咸菜炒脆肚

原材料 羊肚 300 克，咸菜 150 克，红椒 20 克

调味料 姜末 15 克，胡椒粉 2 克，鸡精 1 克，料酒 15 毫升，香油 5 毫升，食用油、盐、味精适量，食用纯碱 50 克

|制|作|方|法|

◎将羊肚刮洗干净，加料酒揉搓，去除腥臭味，洗净后切成条，加食用纯碱拌匀，腌制 3 小时；咸菜洗净、切碎；红椒洗净、切圈。

◎锅置小火上，加入清水，放入肚条，烧沸后捞出，冲洗干净，沥水后放入四成热的油锅中滑油，盛出，沥油。

◎锅留食用油，爆香姜末，下咸菜翻炒，加入肚条、盐、味精、鸡精、料酒、胡椒粉炒入味，淋上香油，出锅装盘，放上红椒圈即可。

碧绿炒羊肉

原材料 羊肉 200 克，四季豆 100 克，红椒 1 个

调味料 料酒、盐、味精、醋、鸡精、胡椒粉、淀粉、葱、姜、蒜、食用油各适量

|制|作|方|法|

◎将羊肉切成片；四季豆洗净，去掉两头筋，洗净，切段；红椒洗净、切片；姜、蒜切末，葱切段备用。

◎将羊肉片加姜末、料酒、盐、味精、鸡精、醋、淀粉、少量清水拌匀，略腌。

◎将四季豆入沸水锅中汆烫后捞出，沥干水分。

◎锅内放食用油烧热，将羊肉放入滑炒至刚刚变色，下入四季豆、红椒、葱段、蒜末、盐翻炒至香，撒上胡椒粉即可出锅。

葱爆羊肉

原材料 羊后腿瘦肉 150 克，葱白 100 克

调味料 食用油 30 毫升，香油 5 毫升，酱油 15 毫升，蒜 15 克，料酒 10 毫升，醋、姜汁各少许

|制|作|方|法|

◎将羊后腿瘦肉去筋，切成 4.5 厘米长的薄片，放入沸水锅中汆去膻味；葱白洗净，切成段。

◎热锅注食用油，烧热，下肉片入锅翻炒至变色，加入料酒、姜汁、酱油炒至入味，最后放入葱白、蒜、醋，淋入香油即成。

尖椒炒仔鸡

原材料 仔鸡 500 克，青椒、红尖椒共 200 克

调味料 盐 5 克，味精 3 克，料酒 6 毫升，姜、蒜、葱白各 10 克，花椒 5 克，食用油、白糖适量

| 制 | 作 | 方 | 法 |

◎将仔鸡洗净，切小块，用盐、料酒拌匀，放入七成热的油锅中炸至鸡肉外表呈深黄色，盛出。青尖椒、红尖椒洗净，切圈；姜洗净，切片；蒜洗净，切末；葱白洗净，切段。
◎热锅注入食用油，烧至七成热，倒入花椒、姜、蒜炒香，加入青、红尖椒略炒，倒入鸡块炒匀，撒入葱白、味精、白糖炒至入味，起锅即可。

白辣椒炒鸡杂

原材料 鸡胗 400 克，泡白椒 200 克，红尖椒 50 克，青蒜 30 克

调味料 盐 3 克，味精 3 克，鸡精 2 克，香油 2 毫升，料酒 8 毫升，生粉 10 克，姜末 10 克，蒜末 10 克，油适量

| 制 | 作 | 方 | 法 |

◎将鸡胗洗净，切片，用盐、味精、料酒、生粉腌渍；泡白椒切碎；红尖椒、青蒜分别洗净，切小段。
◎烧热油锅，下鸡胗快速过一下油，捞出。
◎锅留底油，下泡白椒、红尖椒炒香，加入姜末、蒜末、鸡胗、青蒜爆炒，调入味精、料酒、鸡精，用生粉勾芡，淋入香油，装盘。

百合炒鸡杂

原材料 百合 150 克，鸡杂 300 克

调味料 盐 5 克，鸡精 3 克，味精 3 克，水淀粉、姜、葱、蒜各少许，绍酒、生粉、油、高汤适量

| 制 | 作 | 方 | 法 |

◎将百合剥散，洗净，泡水备用；鸡杂洗净，切花刀，用绍酒、生粉、盐腌渍。
◎锅内注油烧热，下姜、蒜炒香，加入鸡杂爆炒至快熟时下百合、盐、味精、鸡精、高汤，焖熟，用水淀粉勾芡即成。

炒血鸭

原材料 鸭肉 300 克，红尖椒 25 克，鸭血 200 克

调味料 酱油 5 毫升，蒜瓣 20 克，仔姜 15 克，盐 5 克，味精 2 克，湿淀粉 8 克，绍酒 10 毫升，肉清汤适量，熟猪油适量

| 制 | 作 | 方 | 法 |

◎将鸭肉洗净，斩成 2 厘米见方的小块；仔姜洗净，蒜瓣去皮、洗净，红尖椒洗净、切末。
◎炒锅置中火上，放入熟猪油，烧至七成热，下鸭块煸炒，待锅中水汽收干，倒入鸭血炒匀。加入绍酒、盐炒至五成热，依次放入酱油、肉清汤、仔姜、蒜瓣、红尖椒炒匀，焖约 5 分钟，调入味精，用湿淀粉勾芡，收浓汤汁，装盘即成。

小炒鸡杂

原材料 鸡心 150 克，鸡胗 150 克，野山椒、泡红尖椒各 10 克，蒜薹 5 克

调味料 盐 5 克，姜 5 克，鸡精 3 克，酱油 5 毫升，白糖 5 克，黄酒 10 毫升，食用油适量

| 制 | 作 | 方 | 法 |

◎将鸡心、鸡胗洗净，切片，用盐、鸡精、黄酒腌渍；野山椒洗净，切段；泡红尖椒切圈；蒜薹洗净，切小段；姜洗净，切末。
◎炒锅上火，注食用油烧至五成热，下姜末、野山椒、泡红尖椒炒香，加入鸡心、鸡胗炒至断生，加入蒜薹，调入白糖、鸡精、酱油，炒匀，装盘。

爆炒鱼肚

原材料　鱼肚 400 克，红尖椒 200 克，韭菜 20 克

调味料　盐 5 克，料酒 10 毫升，姜 50 克，食用油适量

| 制 | 作 | 方 | 法 |

◎将鱼肚泡发好，改刀；韭菜洗净后切成段；红尖椒洗净，切成段；姜洗净后切成姜丝。

◎将红尖椒、韭菜入油锅中爆炒，盛出备用。

◎锅留食用油，将鱼肚入锅爆炒后，加清汤、姜、盐、料酒煨透入味，入炒好的红尖椒、韭菜，与鱼肚同烩即成。

韭菜薹炒咸鱼

原材料　韭菜薹 200 克，咸鱼 200 克，香芋 100 克，油豆腐适量，红辣椒 10 克，熟白芝麻少许

调味料　香油 5 毫升，食用油、盐、鸡精各适量

| 制 | 作 | 方 | 法 |

◎韭菜薹洗净切成段；油豆腐切细条；香芋削皮后切细丝；红辣椒切圈。

◎锅中放食用油烧热，咸鱼取中段鱼身，入锅中小火煎至鱼面略微金黄，取出，切成均匀几段备用。

◎锅中加食用油烧热，下韭菜薹和香芋、油豆腐、红辣椒圈快火翻炒，断生即可，加盐、鸡精调味；放入咸鱼段略炒匀，装盘后撒上少许香油和熟白芝麻。

鱼籽炒鸡蛋

原材料　鱼籽 200 克，鸡蛋 3 个，红椒 30 克

调味料　姜末、葱末、蒜末、盐、鸡精、香油、酱油各适量，食用油适量

| 制 | 作 | 方 | 法 |

◎将鱼籽洗净，去掉上面的筋膜；鸡蛋磕入碗中，加少许盐，搅打均匀；红椒洗净，切成碎粒。

◎锅中注食用油烧热，下姜末、蒜末、红椒碎粒煸香，放入鱼籽炒散，盛出，备用；锅中注入食用油，烧热后下鸡蛋液入锅，煎熟，用锅铲快速碾细，加入鱼籽一起炒散拌匀，烹入盐、鸡精、香油、酱油，炒至入味，撒上葱末即可。

辣子带鱼

原材料　带鱼中段 400 克，鸡蛋 1 个，青尖椒、红尖椒各 20 克，熟白芝麻少许

调味料　姜末 5 克，葱末 4 克，鸡精 3 克，盐 5 克，白糖 3 克，醋 5 毫升，料酒 4 毫升，豆瓣酱 15 克，食用油适量

| 制 | 作 | 方 | 法 |

◎将带鱼中段洗净，斩成块，用盐和料酒腌渍；鸡蛋打入碗中，拌匀；将带鱼逐块裹上蛋液，放入七成热的油锅中，炸至鱼肉色泽金黄，捞出，沥油；青尖椒、红尖椒洗净，切圈。

◎锅留食用油，下姜末、青、红尖椒圈、豆瓣酱爆香，放入带鱼，调入鸡精、盐、白糖、醋，翻炒至熟，盛出，撒上葱末、熟白芝麻即可。

泡菜鸭血

原材料　鸭血 200 克，泡白菜 80 克，红椒 1 个

调味料　灯笼泡椒 30 克，盐 5 克，味精 3 克，鸡精 5 克，姜 5 克，葱段 10 克，食用油适量

| 制 | 作 | 方 | 法 |

◎将鸭血用清水浸泡 30 分钟，切片，放入沸水锅中氽烫后捞出；泡白菜洗净，切小片；红椒洗净，切条；姜洗净，切片。

◎锅中注入少许食用油，下泡白菜、灯笼泡椒、红椒炒香，下鸭血翻炒几下，加入清水煮沸，烹入盐、味精、鸡精，煮入味，撒入葱段即可。

食在实惠：做此菜时油不要放太多，吃起来才爽口。

红椒鳝丝

原材料 红椒100克，鳝鱼300克，洋葱50克，姜、蒜末少许

料酒8毫升，胡椒粉3克，盐、鸡精、生抽、油各适量

|制|作|方|法|

◎将鳝鱼处理干净，切丝，用盐、料酒腌渍；红椒、洋葱分别洗净，切丝。

◎油锅烧至五成热，下鳝鱼入锅滑油，捞出沥油。

◎锅留底油，烧热，爆香姜、蒜，下洋葱、红椒丝入锅炒至五成熟，加入鳝鱼丝，爆炒2分钟，调入胡椒粉、鸡精、盐、生抽，炒入味即可。

黄鳝丝炒茶树菇

原材料 黄鳝300克，干茶树菇100克，黄椒20克，红椒20克，青椒20克

盐5克，酱油10毫升，淀粉10克，鸡精少许，油适量

|制|作|方|法|

◎将黄鳝处理干净，切成段；干茶树菇泡发好，去头、尾，切长段；青、红、黄椒分别洗净，切丝。

◎热油锅，下鳝段爆炒30秒，转中火，加入茶树菇和青、红、黄椒，炒至八成熟，烹入酱油、盐、鸡精，用淀粉勾芡，大火收汁，装盘。

炒鳝糊

原材料 黄鳝500克

葱15克，姜8克，蒜末10克，料酒15毫升，酱油25毫升，白糖15克，胡椒粉3克，高汤350毫升，香油10毫升，食用油90毫升，湿淀粉适量

|制|作|方|法|

◎将黄鳝处理干净，切段，入沸水锅中去血污，捞出；姜、葱分别洗净，切末。

◎净锅上火，注食用油烧热，下鳝段煸炒，加入姜末炒香，烹入料酒、酱油、白糖、高汤，烧沸，转小火煨熟，收浓汤汁，用湿淀粉勾芡，出锅装盘，加入葱末、蒜末、香油。

◎另起油锅，将油烧沸，出锅浇在盘内，撒上胡椒粉即可。

青椒炒鳝鱼

原材料 鳝鱼500克，青椒50克，葱30克，青蒜20克

盐8克，料酒5毫升，鸡精3克，淀粉、姜末、油、生抽、醋各适量

|制|作|方|法|

◎将鳝鱼处理干净，切片，用盐、料酒、淀粉腌渍；青椒洗净，切丝；葱、青蒜洗净，切段。

◎锅中注油，烧至五成热，将鳝鱼下入锅中过油，捞起沥油。

◎锅留少许底油，烧热，炒香姜末、青蒜、青椒，下鳝鱼入锅爆炒至熟，加入盐、鸡精、醋、生抽炒匀即可。

爆炒血鳝

原材料 鳝鱼500克，青、红椒各10克

盐5克，蒜瓣75克，郫县豆瓣40克，酱油15毫升，料酒10毫升，葱段10克，姜片10克，味精3克，高汤400毫升，干辣椒10克，水淀粉、食用油适量

|制|作|方|法|

◎将鳝鱼宰杀后去骨，洗净，切成段；郫县豆瓣剁细；青、红椒切丝；干辣椒切碎备用。

◎炒锅置旺火上，放食用油烧至七成热，放入鳝鱼炒至断生，捞出。

◎另起锅，加食用油烧热，下干辣椒碎、郫县豆瓣、姜片、葱段、蒜瓣炒香，至油呈红色时，加入鳝鱼、青、红椒丝，注入高汤、料酒、酱油、盐，烧沸入味至鳝鱼软熟，加入味精、水淀粉，待收汁后起锅装盘即成。

芙蓉虾仁

原材料 虾仁 250 克，鸡蛋清 100 克，青豆 20 克，玉米 20 克，红椒 1 个

调味料 盐 5 克，味精 5 克，水菱粉 25 克，干菱粉 5 克，香油 5 毫升，凉鸡汤 150 毫升，食用油适量

|制|作|方|法|

◎将虾仁洗净，沥干水分，用少许鸡蛋清、盐、干菱粉混合拌匀，上浆腌制片刻；玉米、青豆分别洗净，放入沸水锅中余烫至熟；红椒洗净，切成小丁；将余下的鸡蛋清、盐、味精、凉鸡汤、水菱粉、香油拌匀，制成调料汁，待用。

◎炒锅烧热，注入食用油，烧至五成热，放入虾仁炒至五成热，加入红椒丁、青豆、玉米，炒至虾仁八成熟，盛出，沥油。

◎锅中注食用油，烧热，倒入蛋清糊，用小火推炒，待鸡蛋清凝固时，倒入虾仁、青豆、红椒丁、玉米，烹入调料汁，煸炒均匀，出锅，装盘。

香辣虾

原材料 基围虾 500 克，红椒 1 个，青椒 1 个

调味料 盐、料酒、椒盐、食用油各适量

|制|作|方|法|

◎将基围虾后背剪开，挑出肠线，洗净，用盐和料酒腌 10 分钟；红椒、青椒分别洗净，切丁。

◎热锅注食用油，烧至九成热，倒入基围虾炸约 2 分钟，捞出。

◎油锅烧至九成热，倒入炸好的虾再炸 2 分钟，捞出，控油装盘，撒上椒盐、青椒丁、红椒丁即可。

干煸泥鳅

原材料 泥鳅 250 克，青椒 1 个

调味料 盐、味精、鸡精、红油、花椒、豆酱、食用油各适量，姜 5 克，蒜末 5 克，干红椒 50 克

|制|作|方|法|

◎将泥鳅放入清水中，滴几滴食用油，待泥鳅吐尽污物，取出；青椒洗净，切块；干红椒洗净，切段；姜洗净，切丝。

◎净锅上火，注食用油烧至六成热，下泥鳅滑油后捞出。锅留少许底油，下干红椒、青椒、姜丝、蒜末、豆瓣酱、花椒炒香，放入泥鳅，调入盐、鸡精、味精，炒入味即可。

百合炒虾仁

原材料 鲜百合 200 克，虾仁 200 克，西芹 50 克，红椒 1 个，黄彩椒 1 个，鸡蛋清 100 克

调味料 小苏打 2 克，盐 5 克，味精 3 克，生抽 5 毫升，水淀粉少许，食用油适量

|制|作|方|法|

◎将鲜百合洗净，放入沸水中焯熟待用；红椒、黄彩椒、西芹分别洗净，切菱形片。虾仁洗净，控干水分，用鸡蛋清、小苏打、盐、味精、水淀粉拌匀，装碗，覆上保鲜膜，放入冰箱腌渍 30 分钟。

◎净锅注食用油，烧热，下红椒、黄彩椒、百合、西芹、虾仁同炒，烹入盐、味精、生抽调味，用水淀粉勾芡，大火收汁，出锅即可。

西兰花炒鲜鱿

原材料 西兰花 250 克，鱿鱼 300 克，胡萝卜、土豆各少许

调味料 蒜瓣 30 克，姜 15 克，葱白 20 克，鸡精 4 克，盐 6 克，食用油适量

|制|作|方|法|

◎将西兰花洗净，切小朵，放入沸水锅中，加盐、食用油焯熟；鱿鱼洗净，切掉鱿鱼须，在鱿鱼身上剖十字花刀；蒜瓣去皮，切片；葱白洗净，切段；胡萝卜、土豆分别洗净，去皮，雕刻成型，切片；姜去皮，洗净，切片。

◎净锅置旺火上，注食用油烧热，下姜片、蒜片爆香，放入葱段略炒，加入鱿鱼、胡萝卜片、土豆片炒熟，调入盐、鸡精炒匀，盛出装盘，用西兰花围边即可。

韭菜花炒河虾

原材料 韭菜花 300 克，河虾 200 克，红椒 10 克

调味料 盐 4 克，鸡精 3 克，黄酒少许，食用油适量

|制|作|方|法|

◎将河虾剪去头尖和粗脚，洗净；韭菜花洗净，切成段；红椒洗净，切成丝。

◎净锅上火，下食用油烧热，加入河虾大火翻炒，并倒入黄酒，翻炒至虾身变红，盛出。

◎锅内注食用油，加红椒丝、韭菜花爆炒 1 分钟后倒入河虾一起翻炒，炒至将熟，加盐、鸡精调味即可。

香干炒螺片

原材料 香干 150 克，海螺肉 100 克，青、红椒各 50 克

调味料 盐 6 克，味精 5 克，蚝油 8 毫升，酱油 6 毫升，醋适量，食用油适量，姜 5 克，葱 1 根

|制|作|方|法|

◎将香干洗净，切成块；海螺肉用醋洗去黏液，改刀切成薄片，放入沸水锅中汆烫片刻，盛出装入盘中；青、红椒洗净，切片；葱、姜分别洗净，葱切段，姜切片。

◎热锅注食用油，烧热，爆香姜、葱、青椒、红椒，将海螺片下入锅中炒至变色，再将香干下入锅中炒，大火翻炒 2 分钟，下盐、味精、蚝油、酱油调味，炒匀入味即可。

小米椒爆双脆

原材料 鹅肠 200 克，黄喉 150 克，小米椒、野山椒共 50 克，贡菜 50 克

调味料 姜末 5 克，葱段 5 克，蒜末 8 克，盐 5 克，味精 3 克，食用油适量

|制|作|方|法|

◎将贡菜泡发好，洗净，切条；野山椒、小米椒分别洗净。

◎将鹅肠翻洗干净、切段；黄喉洗净、切条，分别放入沸水锅中汆烫，沥水后放入热油锅中过油，捞出。

◎锅留食用油，烧热后下姜末、蒜末爆香，加入小米椒、贡菜、野山椒、鹅肠、黄喉、葱段爆炒至熟，调入盐、味精，炒匀起锅。

紫苏田螺肉

原材料 鲜紫苏 80 克，田螺肉 400 克，朝天椒 20 克，酸菜 50 克

调味料 盐 8 克，味精 5 克，鸡精 6 克，食用油适量，香油 5 毫升，姜 15 克

|制|作|方|法|

◎将田螺肉洗净，放入沸水锅中汆烫至熟；酸菜洗净，挤干水分，切碎；朝天椒洗净，切圈；姜洗净，切末；鲜紫苏洗净，备用。

◎热锅注食用油，烧热，下姜末、朝天椒、紫苏、酸菜炒香，加入田螺肉、盐、味精、鸡精，爆炒 2 分钟，淋上香油即可。

腊八豆炒田螺

原材料 腊八豆 300 克，田螺 200 克，红椒 50 克

调味料 盐 5 克，酱油 8 毫升，白酒、米酒各 15 毫升，胡椒粉 4 克，醋少许，姜、蒜末各少许，油适量

|制|作|方|法|

◎将洗净的田螺置盆内，加白酒搅拌，除去腥味，并使螺肉松弛，以免下锅后螺肉因急剧受热紧缩而失去鲜嫩。

◎锅置火上，倒入油烧热，放入田螺炒，炒至田螺口上的盖子脱落时，将腊八豆下入锅中，加红椒、米酒、姜、蒜末、盐、酱油、醋，再加适量清水，焖约 20 分钟，撒上胡椒粉翻匀出锅即成。

剁椒蒸鱼头

原材料 鱼头 1000 克，剁椒 200 克

调味料 盐 2 克，味精 3 克，绍酒 10 毫升，葱末 5 克，
姜末 5 克，鸡精 2 克

|制|作|方|法|

◎将鱼头去鳃，洗净，对半剖开，洗净备用。

◎鱼头摆入盘内，抹上绍酒、盐、味精、鸡精，撒上姜末，
盖上剁椒，入蒸笼蒸 10 分钟，取出，撒上葱末即可。

柠檬蒸乌头鱼

原材料 乌头鱼 1 条，柠檬半个，水发香菇少许

调味料 盐 6 克，生抽 15 毫升，料酒 10 毫升，食用油 20
毫升，蒜末 10 克，大葱 8 克

|制|作|方|法|

◎将乌头鱼去鳞、鳃、内脏，留鱼鳔，洗净，抹上盐腌渍片刻；
柠檬切月牙片，备用；大葱洗净，斜切成小段或丝；水发香
菇洗净，泡软，切块备用。

◎将鱼摆放在蒸盘内，在鱼身上铺上柠檬片，撒上水发香菇，
淋上生抽、料酒，再撒上葱丝、蒜末。

◎取小碗一个，装入食用油，与摆好鱼的蒸盘一起放入锅中，
以大火隔水蒸约 10 分钟，取出后淋上热油即可。

清蒸东江鱼

原材料 东江鱼 500 克，红椒 5 克

调味料 葱、姜各 5 克，盐 5 克，生抽 10 毫升，料酒 5 毫升，
食用油适量

|制|作|方|法|

◎将东江鱼宰杀，去鳞、鳃及内脏，清洗干净，从鱼背上剖
一刀，备用。葱、姜、红椒洗净，分别切丝，备用。

◎取适量盐抹遍鱼身，放入蒸鱼长盘中，淋入料酒和少许生
抽，腌渍片刻，铺上姜丝、红椒丝和少许葱丝。

◎将鱼盘放入蒸锅中，上火蒸约 8 分钟，至鱼肉熟软，取出，
拣去葱丝，再撒上生葱丝。

◎净锅上火，烧热后注入少许食用油，待油温烧至五成热，
倒入生抽，烧至沸腾，盛出淋在鱼身上即可。

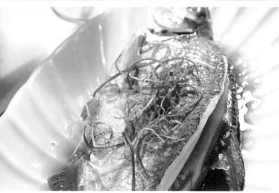

剁椒蒸黄骨鱼

原材料 黄骨鱼 400 克，剁椒 20 克，红椒 1 个，鸡蛋清
适量

调味料 盐 5 克，鸡精、葱白各 3 克，绍酒 10 毫升，生粉、
胡椒粉、姜片适量

|制|作|方|法|

◎将黄骨鱼宰杀，洗净，入沸水余去血水取出，用冷水浸漂，
用小刀刮去表面的膜，切成鱼片。

◎将盐、绍酒、胡椒粉调和好，在鱼身内外抹匀，加姜片、
葱白腌渍入味。将鱼片用鸡蛋清、生粉腌渍 2 小时后余水至熟。

◎将鱼片用剁椒、盐、鸡精拌匀，装入蒸盘中，上火蒸约 5
分钟即可。

清蒸鱼

原材料 鲜鱼 1 条（约 500 克），洋葱 20 克，香菜 10 克

调味料 葱 20 克，盐 4 克，酱油、鸡精各适量

|制|作|方|法|

◎将鲜鱼去内脏，去鳞，洗净；将葱、洋葱洗净，切丝备用；
香菜洗净，备用。

◎将盐、鸡精、酱油一起调成味汁备用。

◎将鱼放入盘中，淋上调好的味汁，放入锅中隔水蒸 5 分钟，
起锅后撒上葱丝、洋葱丝和香菜即可。

冬菇枸杞鸡脚汤

原材料 冬菇50克，枸杞30克，鸡脚9只

调味料 盐适量

|制|作|方|法|

◎将冬菇浸软，去蒂，洗净；枸杞洗净，备用；鸡脚去趾甲，洗净，放入沸水锅中氽水备用。

◎将冬菇、鸡脚、枸杞放入炖盅内，注入适量清水，以小火炖约2小时，加盐调味即可。

雪菜蒸带鱼

原材料 雪里蕻200克，带鱼300克

调味料 盐5克，鸡精3克，生抽、香油各适量，干辣椒10克，姜末、蒜末、葱末各少许，食用油400毫升

|制|作|方|法|

◎将雪里蕻洗净，切细；带鱼宰杀后清理干净，斩成块，用盐腌渍片刻；干辣椒洗净，切段。

◎净锅上火，烧热后注入食用油，烧热后下入带鱼，炸至金黄，捞起沥油。

◎将雪里蕻、带鱼放入大容器中，撒上干辣椒段、姜末、蒜末，烹入盐、鸡精、生抽、香油，拌匀后倒入带有内置铝盆的蒸笼中，用中火蒸40分钟至熟，取出撒上葱末即可。

姜丝乌梅蒸草鱼

原材料 草鱼400克，乌梅10粒，芥蓝400克

调味料 盐5克，白胡椒粉2克，乌梅汁10毫升，姜丝10克，葱丝10克

|制|作|方|法|

◎将草鱼宰杀，去鳞片和腮，洗净，在鱼身两面各划三刀，均匀抹上盐和白胡椒粉，加入乌梅、乌梅汁和姜丝，以大火蒸约15分钟，撒上葱丝，续焖1分钟，起锅。

◎芥蓝切小段，放入沸水中煮熟，捞起沥干水分，铺于盘边即可食用。

豆豉蒸火焙鱼

原材料 火焙鱼300克，红椒1个，香菜叶少许

调味料 豆豉200克，盐1克，鸡精3克，料酒5毫升，香油5毫升，姜片、葱白各适量，葱末少许，食用油100毫升

|制|作|方|法|

◎火焙鱼洗净，用温水泡发片刻，切成长方块状；红椒洗净，切末。

◎净锅上火，注入食用油，放入火焙鱼，煎出香味，装入大碗中，烹入豆豉、料酒、盐、鸡精，撒上姜片、葱白，腌渍片刻。

◎将盛有火焙鱼的大碗放入蒸锅中，蒸约10分钟，取出，翻扣在圆盘中，撒上红椒末、葱末、香菜叶，淋上香油即可。

清蒸太阳鱼

原材料 太阳鱼400克，红椒半个

调味料 姜4克，葱4棵，盐3克，蒸鱼酱油20毫升，香油、食用油各少许

|制|作|方|法|

◎将葱洗净，取葱白，分作两部分，一部分切段，另一部分切丝，葱叶切丝；姜洗净，切成丝；红椒洗净，去籽，切丝。

◎将太阳鱼去鳞、鳃、内脏，处理干净后均匀地抹上少许盐，放在蒸鱼的长盘内，并在每条鱼身下铺上一段葱白（以免蒸熟后鱼皮会粘在鱼盘中），在鱼身上撒上姜丝，淋入少许香油。

◎净锅上火，注入适量清水，烧沸后放入蒸架，摆上鱼盘，加盖，以大火蒸约5分钟，至鱼肉熟软，熄火，取出鱼盘。

◎滗出鱼盘中的汁水，拣去葱白段、姜丝，撒上葱丝、红椒丝和葱白丝。

◎净锅上火，烧热后放入少许食用油，烧热后转为小火，放入少许蒸鱼酱油，烧沸盛出淋在鱼身上即可。

口味鱼片

原材料 鲩鱼 500 克，剁椒 50 克，鸡蛋清 100 克，香菜少许

调味料 盐 5 克，鸡精 5 克，醋少许，葱 20 克，生粉少许

|制|作|方|法|

◎将鲩鱼宰杀，去鳞、鳃、内脏，洗净后剔出鱼骨，留置备用；斩出鱼头、尾，将鱼肉切成片；葱洗净，切成末。

◎将切好的鱼片用鸡蛋清和生粉拌匀，入沸水锅中汆烫后捞出。

◎将鱼骨、鱼头、鱼尾按鱼形摆放在大碗中，铺上鱼片，撒上剁椒、盐、鸡精，放入蒸锅中蒸约 5 分钟，取出后撒上葱末、香菜，淋上醋即可。

羊腰滋补汤

原材料 羊腰 1 个，蜜枣 50 克，韭黄 30 克

调味料 盐 5 克，香油 6 毫升，鸡精 3 克，醋、高汤适量

|制|作|方|法|

◎将羊腰洗净，切片，入沸水中汆去膻味；蜜枣、韭黄洗净。

◎锅中注入高汤，烧热，下羊腰片、蜜枣、韭黄，大火烧沸后，转小火，加入盐、鸡精、醋拌匀，盛入碗中，再淋上香油即可。

清炖牛肉

原材料 牛肉 500 克，青椒、红椒各 30 克

调味料 绍酒 50 毫升，胡椒粉 3 克，味精 1 克，葱 10 克，盐 3 克，姜片 10 克，食用油适量

|制|作|方|法|

◎将牛肉用冷水洗净，切成片，下冷水锅煮至四成熟，除去血水和腥膻味捞出；青椒、红椒切圈。

◎取大瓦钵一只，用竹箅子垫底，将牛肉放入，加绍酒、葱、姜片、青椒、红椒、盐、食用油、清水，在大火上烧开后，移小火上炖约 2 小时，去掉葱、姜，放入胡椒粉、味精调匀入味即成。

美味鱼鳍

原材料 鱼鳍 600 克，野山椒 50 克，红尖椒 2 个，香菜少许

调味料 盐 8 克，味精 5 克，白醋少许，鸡精 3 克，食用油适量，葱末适量

|制|作|方|法|

◎将鱼鳍洗净；野山椒洗净后剁碎；红尖椒洗净后切圈；香菜洗净，择成段。

◎将鱼鳍装入大容器中，调入盐、味精、白醋、鸡精拌匀，腌渍 10 分钟左右。

◎将腌渍好的鱼鳍倒入蒸盘中，将其铺平，撒上野山椒、红尖椒；将食用油倒入小碗中，与装盘的鱼鳍一起入蒸锅中蒸约 10 分钟后取出。

◎在蒸好的鱼鳍上淋入加热好的油，撒上葱末和香菜段即可。

开屏武昌鱼

原材料 武昌鱼 500 克，菠菜 100 克，泡红尖椒 4 个

调味料 盐 5 克，鸡精 3 克，胡椒粉 2 克，姜片、葱段各适量，高汤 50 毫升

|制|作|方|法|

◎将菠菜洗净，放入搅拌机中搅打成汁，备用。

◎武昌鱼宰杀，去鳞、鳃、内脏，洗净，斩下鱼头、尾，将鱼身切段，全部用姜片、葱段、盐、鸡精腌渍 10 分钟。

◎将鱼块、鱼尾连成鱼形，整齐地沿圆盘内壁摆放在圆盘内；鱼头立体摆放在圆盘中间。将摆好形的鱼盘放入蒸锅中，约 10 分钟后取出，拣出葱段、姜片。

◎净锅上火，注入高汤、菠菜汁，烧沸，下泡红尖椒、盐、鸡精、胡椒粉，拌匀，盛出淋在鱼身上即可。

红枣枸杞土鸡汤

土鸡1只，红枣10克，枸杞5克

调味料 盐5克，味精3克，酱油、醋各6毫升，姜片、
蒜瓣、香油各少许

| 制 | 作 | 方 | 法 |

◎将土鸡宰杀，去毛、内脏，洗净，放入沸水锅中氽去血水；
红枣、枸杞洗净；姜片洗净。
◎砂煲中注入清水，上火烧沸，下土鸡、红枣、枸杞、盐、味精、
姜片、蒜瓣入锅，大火煮沸，转小火煲约1小时，至鸡肉熟，
下酱油、醋调味，淋上香油，出锅即可。

霸王鱼脯

原材料 乌鳢500克

调味料 盐5克，葱丝30克，味精3克，陈醋、生抽各
10毫升，香油8毫升，生粉、料酒少许

| 制 | 作 | 方 | 法 |

◎将乌鳢宰杀后洗干净，鱼肉切成片，用生粉、料酒、盐、
味精腌渍。
◎将鱼片放入碗内，撒上葱丝，淋上生抽，入蒸锅中用大火
蒸制，蒸约10分钟至鱼片熟，将鱼碗取出，再淋上陈醋、
香油即可。

香菜羊肉汤

原材料 羊肉200克，香菜10克，红枣5颗

调味料 盐5克，味精3克，生粉适量，清汤300毫升，
食用油适量

| 制 | 作 | 方 | 法 |

◎将羊肉洗净，剁碎；香菜洗净，切末；红枣洗净，用清水
浸泡30分钟，取出，剖成两半，去核。
◎热锅注食用油，烧热，下羊肉入锅炒香，放入红枣，注
入清汤煮约5分钟，加入香菜，烹入盐、味精，用生粉勾芡，
起锅即可。

豉汁蒸大黄鳝

原材料 黄鳝500克，豆豉200克，香菜10克，红椒丝
10克

调味料 姜丝20克，葱末10克，食用油适量

| 制 | 作 | 方 | 法 |

◎将豆豉切碎，备用；黄鳝宰杀、洗净，放入沸水锅中氽去
血水，捞出，沥水备用。
◎净锅上火，注食用油烧热，倒入切碎的豆豉和姜丝翻炒出
香，盛出，装碗。
◎将氽好的黄鳝摆入蒸盘中，淋入炒好的豆豉、姜丝，放入
锅中隔水蒸约10分钟，取出，撒上葱末、香菜和红椒丝即可。

小鸡炖蘑菇

原材料 小鸡500克，干蘑菇100克，红薯粉丝50克，榛
子10克，香菜少许

调味料 姜片10克，葱段10克，蒜片10克，八角8个，
盐5克，味精2克，鸡精2克，料酒6毫升，酱
油3毫升，葱末少许，食用油、高汤适量

| 制 | 作 | 方 | 法 |

◎将小鸡宰杀，洗净切件，过水滤除血污；干蘑菇用温水泡
发至软，洗净，撕碎；红薯粉丝泡发至软；八角、榛子洗净
备用。
◎热油锅，爆香葱段、姜片、蒜片、八角，加入高汤煮沸，下
鸡块、蘑菇、榛子、料酒、酱油，加盖焖煮至鸡块熟时，下粉丝，
调入盐、味精、鸡精，煮至入味，盛出，撒上香菜、葱末即可。

香菜鱼片皮蛋汤

原材料 乌鳢 500 克，皮蛋 3 个，香菜少许

调味料 盐 5 克，味精 3 克，白醋 8 毫升，葱末少许，食用油适量

|制|作|方|法|

◎将乌鳢杀洗干净，将鱼肉切成片；皮蛋剥去壳，切块；香菜洗净，切段。

◎锅中下食用油，烧热，下两碗水，烧开，将鱼片、皮蛋、香菜下入锅中，用大火再次将汤烧滚，转小火煮 10 分钟，再下盐、味精、白醋调味，撒上葱末，拌匀即可。

花胶水鸭汤

原材料 花胶 50 克，淮山 10 克，桂圆肉 5 克，水鸭 1 只

调味料 姜、盐各适量

|制|作|方|法|

◎将水鸭宰杀，去毛、内脏，洗净斩件，放入沸水锅中氽水后备用；花胶用热水浸泡片刻，洗净，切丝；淮山去皮，切块，洗净；姜洗净，切片；桂圆肉洗净。

◎将水鸭、淮山、桂圆、花胶、姜片放入炖盅内，注入适量清水，以小火隔水炖约 2 小时，加盐调味即可。

枸杞煮鱼汤

原材料 生鱼 300 克，枸杞 3 克

调味料 食用油 10 毫升，盐 6 克，姜 10 克，料酒 3 毫升，胡椒粉少许，清汤适量

|制|作|方|法|

◎将生鱼洗净切块，用厨房用纸擦干；姜洗净，切丝。

◎净锅上火，注入食用油，投入鱼块，用小火煮透，下姜丝，烹入料酒，注入适量清汤，煮至汤质发白。

◎锅中加入枸杞，调入盐、胡椒粉，续煮 7 分钟即可。

水煮鱼片

原材料 草鱼 400 克，豆芽 100 克，红薯粉 20 克，鸡蛋清 100 克，香菜适量

调味料 干红辣椒 25 克，姜片 5 克，郫县豆瓣 10 克，蒜瓣 10 克，盐、料酒、酱油、胡椒粉、辣椒粉、白糖、鸡精、花椒、葱末、生粉各少许，食用油 300 毫升

|制|作|方|法|

◎将草鱼洗净，片成片，用盐、料酒、生粉和鸡蛋清腌渍 15 分钟；红薯粉用清水浸泡至软，入沸水锅中煮至刚熟捞出；豆芽洗净，放入沸水锅中焯烫断生。

◎炒锅上火，注食用油烧热，下郫县豆瓣爆香，加姜片、蒜瓣、葱末、花椒、辣椒粉煸炒片刻，调入料酒、酱油、胡椒粉、白糖翻炒均匀，注入沸水，放入盐和鸡精调味，煮沸。将鱼片逐片抖散，放入锅中，煮至变色，倒入盛有豆芽和红薯粉的容器中。

◎净锅上火，注食用油烧至九成热，熄火晾至微凉，加入花椒及干红辣椒，小火慢炒出香后，淋在鱼片上，撒上葱末和香菜即可。

银杏煮鸭

原材料 鸭肉 200 克，银杏仁 5 克，香菜少许

调味料 姜、葱、花椒、盐、味精各适量，胡椒粉 2 克，料酒 12 毫升，鸡油 3 毫升，清汤 100 毫升，猪油、水豆粉各少许

|制|作|方|法|

◎将银杏仁用沸水氽去苦水，沥干，放锅内炸一下，捞出待用。

◎鸭肉洗净，用食盐、胡椒粉、料酒将鸭肉两面抹匀，拌入姜、葱、花椒腌渍 2 小时。

◎拣去姜、葱、花椒，将鸭肉切成和银杏仁大小的丁，同银杏仁合匀，将腌渍出来的原汁浇入，加入清汤，煮 20 分钟，至鸭肉熟烂，翻入盘内。

◎锅内掺清汤，加余下的绍酒、盐、味精、胡椒粉，用水豆粉勾芡，放猪油、鸡油少许，撒上香菜即成。

豆腐煮黄骨鱼

[原材料] 豆腐 100 克，黄骨鱼 200 克，香菜少许

盐、鸡精、味精、胡椒粉、三花淡奶、姜片、香油各适量

|制|作|方|法|

◎将黄骨鱼宰杀，去鳞、鳃、内脏，洗净；豆腐用清水浸泡片刻，取出切厚片。

◎汤锅上火，注入清水，煮沸后倒入豆腐，余烫后捞出。

◎净锅上火，注入清水，加入姜片、盐、味精、鸡精、胡椒粉、三花淡奶，下入黄骨鱼、豆腐，煮 10 分钟后装入锅仔中，滴入香油、撒上香菜即可。

当归鱼头汤

[原材料] 当归 50 克，鱼头 1 个

盐 5 克，鸡精 3 克，生抽、醋各少许，食用油适量

|制|作|方|法|

◎将当归洗净，切片；鱼头剖洗干净备用。

◎锅中注食用油烧热，将鱼头下入锅中，煎至两面金黄，注入清水，烧沸，将鱼头、当归下入锅中，煲煮 40 分钟，烹入盐、鸡精、生抽、醋调味即可。

粉丝煮桂花鱼

[原材料] 桂花鱼 250 克，青瓜 50 克，粉丝 50 克

盐 3 克，姜 5 克，葱 3 克，料酒 5 毫升，高汤适量

|制|作|方|法|

◎将桂花鱼宰杀，去鳞、鳃，剖腹去内脏，洗净，斩去鱼头、尾，剔下鱼骨，备用；将鱼肉片成片，用盐、料酒、姜稍腌渍。

◎将青瓜洗净，刮去皮，切成滚刀块；粉丝用温水泡发，备用；葱洗净，切成丝。

◎净锅上火，注入高汤，放入鱼骨、鱼头和鱼尾、姜片，待汤汁煮成奶白色时放入鱼片、青瓜片和粉丝一起煮沸即可。

高汤节瓜煮花甲王

[原材料] 节瓜 150 克，花甲王 300 克，芹菜 30 克

盐 5 克，鸡精 2 克，高汤 800 毫升，姜片 8 克

|制|作|方|法|

◎将花甲王洗净，放入沸水锅中，大火煮至花甲开口，立即捞出，放入冷水中洗净。

◎将节瓜削皮，洗净，切长块；芹菜去叶、洗净，切段。

◎砂锅中注入高汤，放入花甲王、姜片、节瓜条和芹菜段，放盐、鸡精调味，以大火烧沸后，转小火炖 10 分钟，即可出锅。

虫草花炖水鸭

[原材料] 鸭肉 300 克，虫草花 15 克

姜 5 克，盐适量

|制|作|方|法|

◎将虫草花，备用；姜去皮，洗净，切片。

◎将鸭肉洗净，切成小块，放入沸水锅中余一下水，捞出备用。

◎砂锅注水上火，放入鸭肉、虫草花、姜片，大火烧沸后改用小火炖约 1 小时，下盐调味即可食用。

野菌烧**牛仔骨**

原材料 干野菌 100 克，牛仔骨 200 克，青椒 10 克，红椒 10 克

调味料 盐、味精、鸡精、食用油、高汤各适量

|制|作|方|法|

◎将牛仔骨洗净，切成 2 厘米见方的块；干野菌泡发至软，洗净；青椒、红椒洗净后切成块。

◎热锅注食用油，下牛仔骨入锅煸香，注入高汤，放入野菌、青、红椒烧约半小时，调入盐、味精、鸡精，烧至入味即可。

冬瓜烧**羊排**

原材料 羊排骨 200 克，冬瓜 100 克，红椒 1 个，青椒 1 个

调味料 花椒 5 克，白糖、食用油各适量，盐 4 克，八角少许

|制|作|方|法|

◎将冬瓜洗净，去皮，切成 2 厘米左右的长块；青、红椒分别洗净，切菱形片。

◎冬瓜块下沸水锅中煮几分钟，捞出过凉水待用。

◎羊排骨斩段，飞水除血沫，捞出用热水冲净。

◎锅中放少量食用油，下白糖炒糖色，下羊排骨裹匀糖色。

◎另起锅放食用油烧至三成热，下青、红椒用小火炒约半分钟，爆香后加水，下羊排骨、花椒、八角。

◎加盖大火烧沸后改小火烧约 1 小时，下冬瓜、盐，用大火烧沸后，改中火烧至软熟，改大火收汁即可。

鱼头炖**豆腐**

原材料 鱼头 1 个，豆腐 200 克，西兰花 20 克

调味料 盐 5 克，鸡精 2 克，老抽 5 毫升，料酒 6 毫升，姜片 10 克，蒜片 10 克，葱末 5 克，水淀粉、高汤适量，食用油少许

|制|作|方|法|

◎将鱼头清洗干净，对半剖开；豆腐切块；西兰花洗净，切小朵。

◎锅中注入食用油，烧热，下姜片、蒜片炒香，加入高汤，放入鱼头、西兰花、老抽、料酒烧至六成熟，关火，捞出鱼头和西兰花，备用。

◎汤锅上火，注入清水，烧沸，放入豆腐，小火慢炖，待烧透后，将鱼头、西兰花加入汤锅中续煮，待汤汁烧沸后，调入盐、鸡精，用水淀粉勾少许薄芡，略煮，盛出装碗，撒上葱末即可。

黑胡椒烧**牛肉**

原材料 牛肉 400 克，洋葱 50 克

调味料 姜、葱、盐、料酒、水淀粉、胡椒粉、黑椒、食用油各适量，鸡柳酱 1 包

|制|作|方|法|

◎将牛肉洗净，切片，用料酒、姜、黑椒、盐、胡椒粉、葱腌 10 分钟；洋葱洗净，切片。

◎锅中下食用油烧热，将腌制好的牛肉片煸炒一下，变色捞出；锅里另加食用油，用中小火将洋葱煸炒至柔软出汁即盛出。

◎转大火，加入牛肉片快速翻炒两下，加入鸡柳酱，再将洋葱倒入，用水淀粉勾薄芡，倒入锅中，拌匀出锅即可。

滋补骨鳝汤

原材料 黄鳝 400 克

调味料 盐 4 克，鸡精少许，高汤 600 毫升

|制|作|方|法|

◎将黄鳝割杀，去内脏，洗去血污，切成段备用。

◎将骨鳝放入炖盅中，加入高汤，炖 2 小时，再加入盐、鸡精即可。

红烧羊排

[原材料] 羊排 400 克，洋葱 20 克，青、红椒 10 克

[调味料] 冰糖 10 克，醋 25 毫升，八角 2 颗，桂皮 1 小块，草果 1 个，香叶 2 片，姜片、料酒、盐、食用油各适量

|制|作|方|法|

◎将羊排洗净，放入清水锅中，加醋烧沸，捞出，洗净，沥水；洋葱、青椒、红椒分别洗净后切丝。
◎将冰糖敲碎，放入热食用油锅中，小火炒化，加入羊排，翻炒至上色后下料酒，炒匀，放入八角、桂皮、草果、香叶、青椒、红椒、姜片、洋葱，注入开水（水位高出羊排 3 厘米），大火烧沸，撇去浮沫。调入盐，转小火，加盖煮约 80 分钟，至羊肉酥烂即可出锅。

五味烧羊蹄

[原材料] 羊蹄 300 克，青椒 50 克，洋葱 50 克

[调味料] 五味酱 30 克（肉桂、大料、陈皮、花椒、丁香制成），葱末 10 克，姜丝 5 克，盐、高汤、食用油各适量

|制|作|方|法|

◎将羊蹄洗净，斩成块，入沸水中余烫；青椒、洋葱均洗净，切块，入沸水中稍焯。
◎将锅中下食用油烧热，下入羊蹄、青椒、洋葱，爆炒 2 分钟。
◎将高汤下入锅中，焖煮至汤汁收干，下入盐、五味酱、葱末、姜丝，翻炒均匀，再焖一会即可。

大蒜烧鸭

[原材料] 鸭半只

[调味料] 蒜 50 克，葱 10 克，酱油 10 毫升，味淋 12 毫升，料酒 8 毫升，太白粉 10 克，五香粉 6 克，盐、油、胡椒各少许

|制|作|方|法|

◎将鸭清水洗净，斩件，用盐、料酒、太白粉腌渍备用；蒜去皮，洗净，切片；葱洗净切段。
◎锅中倒入油，把鸭块放下去炸，炸至外表酥脆带微焦时，即可起锅沥油。
◎锅中留少许底油，将蒜片和刚炸好鸭肉放入锅中，接着加入酱油、味淋、五香粉和少许的水调味，焖煮 8 分钟，再撒上葱段即可。

干贝烩冬瓜

[原材料] 干莲子 20 克，冬瓜 500 克，新鲜干贝 50 克

[调味料] 盐 2 小匙；香油 1 小匙；玉米粉 1 大匙

|制|作|方|法|

◎将干莲子用清水浸泡 10 分钟，放入蒸锅中蒸熟后取出；冬瓜洗净，去皮、籽，切片。
◎净锅上火，注入适量清水，放入新鲜干贝、莲子煮沸后转中火，加入冬瓜片拌炒片刻，加盖续煮 5 分钟，烹入盐、香油炒匀，用玉米粉勾芡，大火收汁，即可出锅。

伊面红烧羊肉

[原材料] 羊肉 300 克，伊面 20 克，青、红椒各 10 克

[调味料] 白酒 30 毫升，绍酒 40 毫升，辣椒酱 5 克，酱油 10 毫升，八角 4 颗，食用油、盐适量

|制|作|方|法|

◎将羊肉切成块，放入锅内，加清水适量，放入少许白酒、八角烧开，焯水约 1 分钟，随即捞出放清水中洗净。
◎青、红椒洗净后切成菱形块；伊面泡水。
◎净锅坐火上，放食用油烧热，加青椒、红椒、辣椒酱爆香，加入羊肉，大火翻炒片刻，加绍酒、酱油继续烧，待烧至熟，加入伊面、盐炒匀即可。

香菇板栗烧鸡

原材料 家鸡1只，板栗200克，香菇15朵

调味料 大葱1根，姜3克，蒜2瓣，花椒少许，八角1个，香叶1片，冰糖10克，酱油10毫升，料酒10毫升，盐5克，鸡精5克，食用油适量

|制|作|方|法|

◎将家鸡洗净，切小块，入沸水锅中余去血水，捞出；蒜去皮，切片；姜洗净，切丝；大葱洗净，切段。

◎热锅注食用油，烧热，下花椒、香叶、八角爆香，加入葱、姜、蒜炒香，下鸡块翻炒至表面焦黄，烹入酱油、料酒翻炒，加入香菇、板栗同炒。

◎锅中加入热开水，没过鸡块，调入盐、鸡精，大火烧沸，改小火焖制20分钟，加入冰糖炒化，大火收汁，装盘即可。

锅烧麻鸭

原材料 麻鸭500克，红尖椒30克，香菜少许

调味料 豆瓣酱10克，辣妹子酱3克，香油5毫升，味精3克，食用油适量

|制|作|方|法|

◎将麻鸭宰杀，去毛、内脏，斩件；红尖椒洗净，切圈。

◎将鸭块下入沸水中余烫去血水，再下入六成热的食用油中炸一下。

◎净锅上火，下入豆瓣酱、辣妹子酱炒香，再下鸭子、红尖椒圈，焖40分钟，调入味精、香油翻炒均匀，撒上香菜即可。

米豆腐烧鸭

原材料 水鸭500克，米豆腐150克，朝天椒50克，香菜少许

调味料 盐10克，蒜15克，红油20毫升，食用油适量

|制|作|方|法|

◎水鸭去内脏，洗净，剁成小丁，放入高压锅中煮10分钟；蒜去皮拍碎；朝天椒洗净切段，备用。

◎将米豆腐切成鸭丁一样大小的块，下入热食用油中炸成金黄色。

◎锅中放红油，下入蒜、朝天椒炒香，下米豆腐、水鸭、盐炒匀，加少许水，焖干收汁，撒上香菜即可。

魔芋烧鸭

原材料 嫩肥鸭1只，魔芋300克

调味料 绍酒10毫升，盐5克，酱油8毫升，味精3克，花椒6克，郫县豆瓣8克，蒜片5克，湿淀粉、葱末少许，高汤适量，食用油适量

|制|作|方|法|

◎将魔芋洗净，切条，入沸水锅中余去石灰味，用温水漂洗干净；嫩肥鸭洗净，斩成块，放入七成热的食用油中煸炒至浅黄色，出锅。

◎净锅中注入高汤，烧沸，下鸭块、魔芋、蒜片、绍酒、盐、酱油、花椒、味精、郫县豆瓣，烧至肉软汁浓时，用湿淀粉勾薄芡，起锅装盘，撒上葱末即成。

烧羊小排

原材料 羊小排250克

调味料 薄盐酱油40毫升，番茄酱1大匙，米酒1大匙，黑胡椒1茶匙，葱末30克，食用油适量

|制|作|方|法|

◎取一平底锅，热锅后加入少许食用油，将羊小排入锅，以大火煎至两面略焦后，取出备用。

◎锅留少许底油，用小火炒香葱末，再加入黑胡椒、番茄酱、薄盐酱油、米酒及水煮匀后，加入羊排，转中火煮约2分钟，至汤汁收干后盛盘。

咸菜烧鹅煲

原材料 咸菜 150 克，烧鹅肉 200 克

姜片、蒜瓣各 5 克、味精、胡椒、生抽各适量、
高汤 100 毫升、食用油 20 毫升

|制|作|方|法|

◎将咸菜洗净，切片；烧鹅肉切块，备用。
◎锅中放食用油，爆香姜片、蒜瓣，下咸菜入锅中焓熟，调
入味精、胡椒、生抽，拌匀后盛入砂煲中垫底，放上烧鹅肉，
注入高汤，置中火上煲 5 分钟即可。

鹌鹑蛋烧小排

原材料 排骨 400 克，鹌鹑蛋 200 克，青椒 1 个，火腿少许

姜末、蒜末、盐、味精、胡椒粉、酱油、食用油各适量

|制|作|方|法|

◎将排骨斩小块，洗净后放入沸水锅中余尽血水；鹌鹑蛋入
锅中煮熟后去壳；青椒洗净，切块；火腿切片。
◎热锅注食用油，烧至六成热，下排骨炸至金黄，捞出，沥油；
鹌鹑蛋也入油锅中，炸至金黄，盛出。
◎锅留底油，下姜末、蒜末、青椒爆香，放入鹌鹑蛋、排骨、
火腿片、盐、味精、胡椒粉、酱油，煮至入味即可。

红焖羊肉

原材料 羊肉 400 克，芹菜少许

盐、柱候酱、料酒、葱段、姜片、蒜片各适量，
八角、花椒各少许，干辣椒 20 克，食用油适量

|制|作|方|法|

◎将羊肉洗净，切成块，入沸水中余去血水；芹菜洗净，切
成段。
◎将锅放食用油烧热，爆香葱段、姜片、蒜片、干辣椒，下
入羊肉，加柱候酱、料酒爆透。
◎将芹菜、八角、花椒与羊肉一起放入煲里，加汤、加水，
焖至爽嫩，调入盐即可。

干烧鲳鱼

原材料 鲳鱼 1 条，红尖椒 2 个，肥猪肉 25 克，雪里蕻 50 克

豆瓣酱 20 克，大葱 10 克，姜末 10 克，蒜末 5 克，
葱末少许，盐 5 克，味精 3 克，酱油 10 毫升，
食用油、清汤各适量

|制|作|方|法|

◎将鲳鱼处理干净，在鱼身剖上花刀，抹上酱油；肥猪肉洗净，
切丁；大葱洗净，切段；雪里蕻、红尖椒分别洗净，切碎。
◎热锅注食用油，旺火烧热，下鲳鱼入锅炸至鲳鱼金黄色，捞出。
◎锅留底油，下葱段、姜末、蒜末、豆瓣酱及肥猪肉丁炒香，
加入雪里蕻翻炒，下鱼入锅，注入清汤，加盖焖煮约 5 分钟，
调入盐、味精、红尖椒，煮至鱼肉熟软入味，起锅，撒上葱末即可。

干烧鳜鱼

原材料 鳜鱼 1 条，肥肉丁 50 克，水发玉兰片、水发香菇
各 50 克

酱油 30 毫升，料酒 20 毫升，盐 3 克，豆瓣酱 10 克，
葱、姜末、蒜末、白糖、味精各 5 克，醋 2 毫升，
高汤 100 毫升，食用油 1000 毫升

|制|作|方|法|

◎将鳜鱼宰杀，治净，在鱼身两面剖上一字花刀；水发玉兰片、
香菇洗净，切丁；葱洗净，葱白、葱叶分别切末，备用。
◎净锅上火，注入食用油，烧至七成热，下鳜鱼炸呈色泽浅
黄时，捞出控油。
◎锅内留少许底油，下葱白末、姜末、蒜末、豆瓣酱煸炒出
香，加入肥肉丁、玉兰片丁、香菇丁继续煸炒，调入盐、料酒、
酱油、白糖、醋、味精、高汤，拌匀后加入炸好的鳜鱼，改
小火烧约 10 分钟，以大火收汁，盛入鱼盘，撒上葱末即可。

黄瓜烧鳝鱼

原材料 鳝鱼 300 克，黄瓜 200 克，胡萝卜 50 克

调味料 食用油、葱、姜、蒜各适量，八角、花椒、老抽、绍酒、白糖、味精、泡椒各少许

|制|作|方|法|

◎将鳝鱼处理干净，切段；黄瓜洗净，切长块；胡萝卜洗净，切片；蒜去皮。

◎食用油烧至五成热，下葱、姜、花椒炒香，倒入鳝鱼炒至肉色变白，调入老抽、绍酒、白糖、八角、泡椒和清水，焖至入味，加入黄瓜、胡萝卜片、蒜和清水，大火烧沸后改小火，焖至入味，调入味精即可。

双茄烧鱼

原材料 鱼肉 150 克，茄子 100 克，番茄 100 克，香菜叶少许

调味料 盐 5 克，鸡精 2 克，葱末 5 克，咖喱少许，料酒 10 毫升，食用油适量

|制|作|方|法|

◎将鱼肉洗净，用盐、料酒腌渍片刻；茄子洗净、切长条，番茄洗净、切块；香菜叶洗净、切碎。

◎净锅上火，注食用油烧热，放入茄子、番茄翻炒，倒入咖喱、鱼块，加适量清水，大火烧沸后加盖焖煮片刻，加盐、鸡精调味，装盘，撒上葱末、香菜即可。

辣子串烧虾

原材料 基围虾 300 克，豆豉 10 克

调味料 辣椒酱 8 克，干辣椒 30 克，蒜末 3 克，蚝油 8 毫升，盐 4 克，味精 2 克，鸡精 1 克，生粉、食用油少许

|制|作|方|法|

◎将基围虾处理干净，用竹签串好，放入沸水锅中汆烫断生，捞出。

◎净锅上火，注食用油烧至七成热，下串虾略炸，捞出装盘。

◎锅留少许油，下辣椒酱、蒜末、蚝油、盐、味精、鸡精、干辣椒、豆豉，用生粉勾芡，大火收汁，盛出，淋在串虾上即可。

红烧小鳜鱼

原材料 小鳜鱼 600 克，青豆、玉米粒、火腿粒各 30 克，红椒 15 克

调味料 盐 5 克，味精 3 克，鸡精 3 克，料酒、酱油各 10 毫升，胡椒粉 3 克，葱丝、姜丝各 10 克，湿淀粉 15 克，香油 10 毫升，熟猪油适量

|制|作|方|法|

◎将小鳜鱼去鳞、鳃、内脏，洗净，在鱼身两面剞上十字花刀。

◎锅内加熟猪油烧至八成热，鱼下油内煎至两面发黄，烹入料酒、酱油，加入葱丝、姜丝，烧至沸腾，将红椒、青豆、玉米粒、火腿粒下锅中，烧至鱼熟透，加盐、味精、胡椒粉、鸡精，用湿淀粉勾薄芡，出锅装盘淋上香油即可。

红烧鲽鱼头

原材料 鲽鱼头 1 个，灯笼椒 20 克，生菜叶 2 张

调味料 盐 6 克，鸡精 3 克，料酒 5 毫升，白醋 3 毫升，白糖 2 克，老抽 5 毫升，姜片 5 克，蒜末 5 克，生粉 5 克，食用油、高汤适量

|制|作|方|法|

◎将鲽鱼头处理干净，对半剖开，用盐、鸡精稍腌，拍上生粉、食用油；灯笼椒洗净、切块。

◎净锅上火，注食用油烧热，下灯笼椒、姜片、蒜末爆香，加入鲽鱼头稍煎，烹入高汤、料酒、老抽，煮至鱼头熟透入味时，调入盐、鸡精、白糖、白醋，拌匀略煮，出锅，装入铺有生菜叶的盘中即可。

酱鸭烧田鸡

原材料 酱板鸭 300 克，田鸡 100 克，红尖椒 20 克

盐 6 克，味精 4 克，食用油 20 毫升，姜 15 克，蒜 8 克，葱 10 克，豆瓣酱 7 克，辣酱 8 克，酱油 8 毫升，香油 30 毫升

制作方法

◎将蒜切粒、姜切片，红尖椒洗净、切节，葱洗净、切段。
◎将田鸡处理干净后斩块，用盐和酱油腌渍后下入热油锅中炸透，捞出；酱板鸭斩块，放入油锅中炸透，捞出。
◎锅中放食用油，下姜片、蒜粒、红尖椒段，加入盐、味精、豆瓣酱、辣酱炒香，放入田鸡和鸭块，炒至入味，加入香油、葱段即可。

孜然烧辣蟹

原材料 梭子蟹 400 克，四季豆 50 克，番茄 10 克

孜然 10 克，盐 5 克，鸡精 3 克，白酒、食用油适量

制作方法

◎将梭子蟹放入白酒中醉晕，用刀剥去蟹壳、鳃、胃、肠，洗净，拧下蟹螯，将蟹身切块。
◎将四季豆去筋，择成段，洗净；番茄洗净、切块。
◎热锅注食用油，烧至六成热时下梭子蟹，炸至色泽红润，捞出。锅留底油，下四季豆、番茄翻炒，加入炸好的梭子蟹，烹入孜然，翻炒至熟，加盐、鸡精调味，炒匀即可。

黄焖土鸡

原材料 土鸡 300 克，胡萝卜 100 克，香菜 10 克

蒜 20 克，姜片、酱油、蚝油、白糖、盐、鸡精、白酒各适量，食用油适量

制作方法

◎将土鸡清理干净，斩成块；胡萝卜去皮，洗净，切块；蒜去皮，香菜洗净，备用。
◎将少许酱油、蚝油、白糖、盐、鸡精、白酒倒进碗中，调成汁，拌入鸡块中，腌渍片刻。
◎净锅注食用油，烧热，下鸡块入油锅中，煎至鸡块呈金黄色，加入蒜瓣、胡萝卜、姜片，注入少许清水，加盖焖至15 ~ 20 分钟，至鸡肉熟，调入盐、鸡精，翻炒入味，出锅，撒上香菜即可。

明太籽厚烧豆腐

原材料 明太籽 200 克，豆腐 200 克

盐 5 克，葱末 5 克，油适量

制作方法

◎将豆腐用清水浸泡片刻，洗净，切成大块。
◎热锅注油，烧至五成热时，放入豆腐炸成金黄色的豆腐块，撒上盐，略炸后捞出，沥油备用。
◎将豆腐摆入盘中，逐块浇上明太籽，食用时佐以葱末即可。

干烧大虾

原材料 大虾 300 克，猪五花肉 100 克

豆瓣酱 10 克，盐 5 克，料酒 8 毫升，味精 3 克，白糖 6 克，醋 5 毫升，生粉、葱、姜、蒜各适量，高汤少许，干红尖椒 5 克，食用油适量

制作方法

◎将大虾处理干净，用生粉腌制片刻；猪五花肉洗净，切粒；干红尖椒洗净，切段；葱、姜、蒜洗净，切末。
◎锅中注食用油，烧热，下大虾，煎至色泽鲜红，取出备用。
◎锅留油，烧热，下猪五花肉粒炒散，加豆瓣酱、干红尖椒、姜、葱、蒜煸炒出香，烹入料酒、白糖、盐、醋、大虾、味精及高汤，加盖焖煮至虾肉熟透，中火收汁，装盘，撒上葱末即可。

茄条焖鲈鱼

原材料 鲈鱼1条，长条茄子1根，鲜香菇2朵

调味料 盐5克，鸡精3克，白糖8克，豆瓣酱10克，料酒10毫升，酱油10毫升，醋8毫升，蒜10瓣，姜片5克，葱段10克，食用油适量

|制|作|方|法|

◎将鲈鱼处理干净，在鱼背剞上一字花刀；长条茄子洗净，切条；鲜香菇洗净，切块。
◎净锅上火，注食用油烧热，下蒜瓣炸至金黄色，捞出；茄子、香菇入油锅中过油，捞出沥油。锅中注食用油烧热，下鲈鱼煎至两面金黄，盛出。
◎锅中下葱段、姜片、豆瓣酱煸炒出香，加盐、酱油、醋、料酒、白糖拌匀，下茄子、香菇翻炒，注入清水，将鲈鱼和炸好的蒜瓣回锅，小火煮沸，烹入鸡精，焖煮约2分钟，至汤汁浓厚时，熄火，拣出葱段、姜片、蒜瓣。
◎起锅，将鲈鱼和汤汁盛入鱼盘中，撒上葱段即可。

猪红焖鸡杂

原材料 猪血300克，鸡肫200克，香菜少许，红椒1个

调味料 盐5克，味精5克，鸡精3克，蒜末5克，生抽少许，生粉适量，高汤200毫升

|制|作|方|法|

◎将猪血洗净，切成块；鸡肫洗净，切片；红椒洗净，切段；香菜洗净，切段。
◎将猪血放入沸水中氽烫，捞出；鸡肫用盐搓洗干净，放入沸水中氽烫，捞出，备用。
◎净锅注入高汤，下猪血、鸡肫、红椒、蒜末、盐、鸡精、味精、生抽，煮至入味，用生粉勾芡，出锅装盘，撒上香菜即可。

小土豆焖腊鸭

原材料 小土豆200克，腊鸭300克，香菜少许

调味料 姜末、蒜末、葱段各适量，豆瓣酱20克，味精少许，花椒5克，食用油适量

|制|作|方|法|

◎将小土豆洗净；腊鸭斩件，入三成热油锅中炸一下，捞出沥油。
◎锅中留食用油，爆香姜末、蒜末、豆瓣酱、花椒，下入鸭块、味精、土豆、葱段，加适量清水，焖15分钟后装碗，撒上香菜即可。

香芹焖鸭

原材料 鸭400克，芹菜100克，青蒜50克

调味料 胡椒粉8克，盐6克，姜5克，蒜5克，水淀粉10克，绍酒、老抽、食用油、高汤各适量

|制|作|方|法|

◎将鸭洗净，斩件，用盐、绍酒、老抽腌渍1小时；芹菜、青蒜洗净，切段，焯水备用。
◎锅中下食用油烧热，炒香姜、蒜，下鸭块爆炒3分钟，将高汤倒入锅中，大火烧开，加盖焖煮约25分钟，至汤汁浓稠，将芹菜、青蒜及胡椒粉下入锅中，翻炒匀，用水淀粉勾芡，即可。

红焖家鹅

原材料 鹅肉400克，蒜苗10克

调味料 姜5克，盐5克，鸡精2克，生抽10毫升，料酒10毫升，食用油适量

|制|作|方|法|

◎将鹅肉洗净，斩成大小适中的块，用盐、生抽、料酒腌渍一会。
◎姜洗净后切成大片；蒜苗洗净后切成段。
◎净锅坐火上，放食用油烧热，加姜片爆香，放入鹅肉爆炒，加少许盐、料酒、鸡精翻炒后盛入砂锅内。
◎砂锅坐火上，用小火慢焖，加入蒜苗，焖至鹅肉熟，即可。

红焖田鸡

原材料 田鸡 500 克，青椒、红椒共 10 克

盐 5 克，鸡精 4 克，葱段 10 克，豉油、生粉少许，食用油适量

|制|作|方|法|

◎将田鸡宰杀，去皮，洗净，切块，装碗，调入豉油、生粉，拌匀，腌制片刻；红椒、青椒分别洗净，切块。

◎热锅注食用油，烧至四成热，放入腌好的田鸡肉略炸，盛出，沥油备用。

◎煲仔上火，注入食用油，下田鸡、青椒、红椒、葱段翻炒几下，注入少许清水，调入盐、鸡精拌匀，加盖焖至田鸡肉熟即可出锅。

葡汁烩九肚鱼

原材料 九肚鱼 500 克，鸡蛋清 50 克，黑橄榄 20 克

盐 5 克，花椒粉 5 克，料酒 10 毫升，葡汁适量，淀粉 20 克，油适量

|制|作|方|法|

◎将九肚鱼清洗干净，去骨起片，加盐、花椒粉、料酒、鸡蛋清和淀粉抓匀；黑橄榄切片备用。

◎净锅坐火上，放油烧热后，加入准备好的九肚鱼，稍炸片刻，加入葡汁烩煮3分钟，至葡汁浓，加盐调味，撒上黑橄榄即可。

甜椒汁烩鲈鱼块

原材料 鲈鱼 250 克，西兰花 60 克，红椒 50 克

盐 5 克，鸡粉 3 克，胡椒粉 3 克，淡奶油、柠檬汁各少许，食用油 300 毫升，高汤适量

|制|作|方|法|

◎将红椒洗净，切条，用搅拌机打成蓉；鲈鱼宰杀，去鳞、鳃、内脏，洗净，斩去头、尾，将鱼身切成块。

◎净锅上火，注入食用油，烧热，倒入红椒蓉略炒片刻，放入鲈鱼块烩熟，调入淡奶油、高汤、盐、鸡粉、胡椒粉调味，大火收汁，盛入盘中，用焯熟的西兰花装饰即可。

芦笋烩鱼片

原材料 芦笋 300 克，鲷鱼片 100 克

食用油 10 毫升，盐 5 克，米酒 5 毫升，玉米粉 3 克，姜末、蒜末、葱段、味精各少许

|制|作|方|法|

◎将芦笋洗净，切段，放入沸水锅中余至断生，捞出备用；鲷鱼片洗净，用盐、米酒、玉米粉混合拌匀，腌 15 分钟。

◎净锅上火，注食用油，烧热后下姜末、蒜末、葱段爆香，加入鲷鱼片翻炒片刻，再加入芦笋，掺入少许清水，煮至芦笋、鱼肉熟透，用盐、味精调味即可。

意式烩海鲜

原材料 对虾 150 克，纽西兰青口 100 克，沙白 100 克，鱿鱼 100 克

盐、白酒、柠檬汁、番茄酱、百里香、牛油、蒜末各适量

|制|作|方|法|

◎将对虾去净沙线，洗净，再余水；纽西兰青口、沙白、鱿鱼洗净，余水备用。

◎锅中下入牛油，烧热，爆香蒜末，将所有原材料下入锅中，加入白酒、柠檬汁、番茄酱、盐炒熟入味，盛入盘中，再撒上百里香即可。

香煎草鱼

原材料 草鱼 600 克

调味料 姜 15 克，葱白 40 克，盐 8 克，白糖 3 克，料酒 25 毫升，醋 15 毫升，食用油适量

| 制 | 作 | 方 | 法 |

◎草鱼去鳞，去鱼鳃，掏尽内脏后洗净。
◎将草鱼平铺在砧板上，密刀横切鱼身，切至脊骨即可，切勿斩断；切完一面，翻面再切。
◎将姜、葱白分别洗净切丝，姜丝塞入鱼身内。
◎将白糖、料酒、醋和适量的盐抹遍鱼身，稍腌一会。
◎锅中加食用油烧热，将腌好的鱼入油锅内煎，煎至两面金黄即可。

香煎鱼头

原材料 鱼头 300 克

调味料 盐 5 克，味精 3 克，花雕酒 8 毫升，食用油适量

| 制 | 作 | 方 | 法 |

◎将鱼头对半剖开，去鱼鳃，洗净。
◎将洗净的鱼头放入碗内加盐、味精、花雕酒腌渍入味。
◎净锅坐火上，注食用油烧至三成热，放入鱼头煎至两面金黄，盛出装盘即可。

炸蚝仔

原材料 蚝仔 200 克，面粉 100 克，鸡蛋 1 个

调味料 食用油、料酒、姜末、葱末、盐、味精各适量

| 制 | 作 | 方 | 法 |

◎将蚝仔洗净，控去水分，备用。
◎炒锅注食用油，烧热后下姜末、葱末爆香，烹入料酒，注入适量清水，调入少许盐，以大火烧沸，下蚝仔入锅煮约 5 分钟，捞出，在冷水中过冷后取出，沥去水分，备用。
◎将鸡蛋打入面粉中，调入少许食用油、盐、味精，加入少许清水，调匀，至可以挂浆状。
◎炒锅上火，注入食用油，烧至七八成熟时，将蚝仔逐个挂浆，下入油锅中炸至金黄色，捞出控油，装盘即可。

香煎杂鱼

原材料 乌鱼仔 1 条，迪鱼仔 1 条，沙尖鱼 1 条

调味料 盐 5 克，味精 8 克，食用油 20 毫升，料酒适量

| 制 | 作 | 方 | 法 |

◎将乌鱼仔、迪鱼仔、沙尖鱼杀洗干净，用盐、料酒腌渍。
◎热锅注食用油，烧热，将鱼煎熟，再下盐、味精调味即可。

蜜汁叉烧肉

原材料 梅花肉 600 克，蛋液适量

调味料 红葱头 15 克，白糖 15 克，盐少许，鸡粉 10 克，五香粉、胡椒粉各 5 克，芝麻酱少许，南乳 10 克，南乳汁 10 毫升，太白粉 5 克，玫瑰露酒 10 毫升，麦芽糖 100 克，姜 1 片，食用油适量

| 制 | 作 | 方 | 法 |

◎将红葱头洗净，横向切成薄片，下入热食用油中炸至微黄时捞出，盛出葱油。
◎将南乳压成泥，加入白糖、盐、鸡粉、五香粉、胡椒粉、葱油、芝麻酱、南乳汁搅拌均匀，即成叉烧酱，放入冷柜保存。
◎将梅花肉洗净，用叉烧酱、蛋液、太白粉、玫瑰露酒拌匀，腌 30 分钟。将麦芽糖、白糖、盐、姜混合，隔水加热至糖融化，制成蜜汁。
◎将梅花肉放入垫有锡纸的烤箱，两面烤好后取出，刷上蜜汁，再烤 5 分钟，取出，晾凉切块，装盘即可。

姜葱鸭

原材料 鸭 500 克，香菜少许

调味料 姜片 10 克，葱段 10 克，盐 5 克，酱油 20 毫升，料酒 20 毫升，卤水、食用油适量

制作方法

◎将鸭宰杀，治净；用盐腌制片刻后放入沸水锅中汆透，再入卤水锅中，下葱段、姜片、料酒、酱油，卤 40 分钟后取出，沥水晾凉。

◎热锅注食用油，烧至六成热，放入鸭，炸至鸭皮金黄色时取出，斩件上碟，撒上香菜即可进食。

香煎银雪鱼

原材料 银雪鱼肉 200 克

调味料 大葱 10 克，料酒 10 毫升，鸡精、盐、油适量，酱油 5 毫升，柠檬汁少许

制作方法

◎将银雪鱼肉洗净，加盐、料酒、酱油腌渍约 3 小时至入味。

◎将大葱洗净，切成丝，铺在盘中备用；净锅内放适量油，烧热后，下鱼块，煎至两面金黄，加柠檬汁，稍煎片刻，将煎好的鱼块摆在葱丝上即可。

煎焗鱼嘴

原材料 鲩鱼头 750 克，青、红椒各 10 克，鸡蛋 1 个

调味料 料酒 10 毫升，姜片 5 克，辣酱适量，葱 10 克，盐 5 克，鸡精 3 克，蚝油少许，生粉、食用油适量

制作方法

◎鲩鱼头斩开两边，在面颊肉处，斜切去枕骨后便成鱼嘴，将其洗净，用干布吸干水分备用；将生粉、鸡蛋、鸡精、料酒、辣酱、蚝油混合调成稠状，和鱼嘴拌匀；葱洗净，切段；青、红椒分别洗净，切菱形块。

◎热锅注食用油，烧沸，下姜片爆香后，放入鱼嘴煎至色泽金黄。

◎锅中加入葱段和青、红椒块，加盖焖煮约 6 分钟，直到鱼嘴熟透，烹入盐后盛出，装盘即可。

香煎刹水鱼

原材料 刹水鱼 500 克

调味料 葱段、盐、料酒、味精、食用油适量各适量，豆豉适量，淀粉 15 克

制作方法

◎将刹水鱼去鳞、鱼鳃、内脏后洗净，将个体较大的斩成块，加适量豆豉、葱段、盐、料酒、味精，腌入味待用。

◎将淀粉内加少许水，腌好的鱼放入淀粉内挂糊。

◎煎锅内注食用油，烧至六成油温，放入挂好糊的鱼炸至金黄色，捞出装盘即可。

香煎刁子鱼

原材料 刁子鱼 1 条，红尖椒 15 克

调味料 食用油 100 毫升，盐 5 克，鸡精 5 克，胡椒粉 5 克，香油 5 毫升，料酒 6 毫升，姜 10 克，葱 8 克，蒜 10 克，高汤少许

制作方法

◎将刁子鱼去鳞、鳃、内脏，洗净，打一字花刀，加盐、葱、姜腌渍 30 分钟；红尖椒洗净，切圈；姜、蒜切末；葱洗净，切末。

◎煎锅上火，注入食用油，将腌好的刁子鱼下入锅中，煎至两面金黄，沥油待用。

◎锅留底油，烧热后放入红尖椒圈、姜、蒜末、料酒以及高汤，放入刁子鱼，调入盐、鸡精、胡椒粉焖透，盛出装盘，撒上葱末，淋上香油即可。

花雕黄鱼

原材料 黄鱼 500 克，红尖椒 1 个

调味料 盐 5 克，鸡精 3 克，花雕酒 10 毫升，蚝油 5 毫升，葱 20 克，高汤少许

|制|作|方|法|

◎将黄鱼宰杀，去鳞、鳃、内脏，洗净，用干净的纱布擦干鱼身上的水渍，斩成块，整齐地摆在鱼盘中。将葱洗净，切成段；红尖椒洗净，切成圈。将葱段插入红尖椒圈中，并撕开葱段两头呈散开状，摆在鱼盘中。

◎将花雕酒、盐、鸡精均匀地撒入黄鱼盘中，腌渍 10 分钟左右。

◎将腌制好的黄鱼连带鱼盘一起放入蒸笼中，注入少许高汤，上笼以大火蒸约 10 分钟，至鱼肉熟软，取出淋上蚝油即可。

香煎鲳鱼

原材料 鲳鱼 300 克，小米椒 10 克

调味料 姜 5 克，酱油 10 毫升，盐 2 克，白酒 10 毫升，葱 20 克，食用油适量

|制|作|方|法|

◎将鲳鱼宰杀，剖腹，去内脏及头、尾，洗净，剔除大骨，取鱼肉待用；小米椒洗净去籽，切圈；姜切丝，葱切末。

◎将鱼与酱油、盐、白酒、葱末、姜丝拌匀，腌半小时左右取出。

◎净锅坐火上，注食用油烧热，下鱼入锅，煎至鱼身两面金黄，下小米椒圈、姜丝和葱末略煸即可出锅。

香煎沙丁鱼

原材料 沙丁鱼 300 克

调味料 盐 4 克，姜末少许，食用油、酱油各适量

|制|作|方|法|

◎把沙丁鱼内脏取出，洗净控水，用盐、姜末、酱油腌渍 10 分钟。

◎待食用油烧至五成热时把鱼逐条放入锅里，煎至两面金黄即可盛出。

香煎马鲛鱼

原材料 马鲛鱼 300 克

调味料 大葱 1 根，蒜瓣 2 个，盐 40 克，姜丝少许，料酒 10 毫升，白糖 5 克，鸡精 2 克，酱油 10 毫升，食用油 600 毫升

|制|作|方|法|

◎将马鲛鱼洗净、切厚片，用盐、料酒腌渍 4 个小时左右，直至入味；将蒜瓣拍碎；大葱切丝，备用。

◎净锅上火，注入食用油，烧热，放入马鲛鱼用小火煎至鱼面金黄。

◎将煎好的马鲛鱼拨至锅边，转至大火，倒入姜丝、大葱丝、蒜瓣，调入白糖、鸡精，与马鲛鱼一起翻炒。

◎炒至大葱、蒜出香味后，烹入少许酱油翻炒，待汁干，装盘即可。

小米椒煎柴鱼

原材料 乌鳢 500 克，香菜少许

调味料 小米椒 30 克，野山椒 50 克，豆瓣酱 30 克，姜末 10 克，蒜末 10 克，葱末 5 克，盐 5 克，鸡精 3 克，胡椒粉 3 克，食用油、醋、酱油各适量

|制|作|方|法|

◎将乌鳢宰杀，去鳞、鳃、内脏，洗净，对半剖开，用盐、酱油腌渍 30 分钟，备用；小米椒洗净，切细圈；野山椒切小段，备用。

◎净锅上火，注入食用油，烧热后，下姜末、蒜末、野山椒、小米椒爆香，下乌鳢倒入锅中，煎至鱼皮金黄。

◎将豆瓣酱、鸡精、胡椒粉、醋下入锅中，烧至鱼入味，盛出装盘，撒上葱末和香菜即可。

橙汁鳗鱼

原材料 鳗鱼 500 克，橙子 1 个

盐 3 克，姜片 4 克，料酒 10 毫升

|制|作|方|法|

◎将鳗鱼宰杀，洗净，去骨，切成块，用盐、姜片、料酒腌渍片刻；橙子去皮、核，将橙肉放入榨汁机中榨出汁，备用。
◎将鳗鱼放入扒炉中煎熟，盛出摆入盘中，淋上橙汁即可。

香煎秋刀鱼

原材料 秋刀鱼 2 条，红椒 1 个

盐 10 克，味精 5 克，姜片 5 克，葱少许，食用油适量

|制|作|方|法|

◎将秋刀鱼宰杀，去鳞、内脏，用盐、姜片和味精腌渍 3 小时后取出，在通风处风干。
◎葱、红椒洗净，切细丝。
◎煎锅下入食用油，烧热，下入风干的秋刀鱼，将鱼煎至金黄色，下葱丝、红椒丝略煸，即可出锅。

五仁鸡脆骨

原材料 花生仁 50 克，松仁 50 克，腰果 50 克，橄榄仁 50 克，杏仁 30 克，鸡脆骨 200 克

盐 5 克，味精 3 克，鸡粉 3 克，生抽 5 毫升，姜、蒜、生粉、食用油各适量

|制|作|方|法|

◎将花生仁、松仁、腰果、橄榄仁、杏仁分别洗净沥干；鸡脆骨切块，裹上生粉、盐腌渍待用；姜洗净切片；蒜去皮，剁成末。
◎将花生仁、松仁、腰果、橄榄仁、杏仁分别下入油锅中炸熟，捞起待用；鸡脆骨入油锅中炸至金黄，捞出沥油。
◎锅留少许食用油，爆香姜、蒜，将花生仁、松仁、腰果、橄榄仁、杏仁、鸡脆骨下锅同炒，调入盐、味精、鸡粉、生抽，炒匀即可。

香麻小黄鱼

原材料 小黄鱼 400 克，熟白芝麻 50 克

葱末 2 克，姜末 2 克，盐 3 克，鸡精 2 克，料酒 20 毫升，香油 10 毫升，食用油适量

|制|作|方|法|

◎将小黄鱼宰杀，去鳞、鳃、内脏，洗净，在鱼身上打出一字花刀，加料酒、盐、鸡精、葱末、姜末腌渍片刻。
◎煎锅上火，注入食用油，烧热后放入小黄鱼，以小火煎至两面金黄后，滴入香油再略煎片刻，熄火盛出装器，静置片刻。待鱼晾凉后，用刀切成小块，整齐地摆入盘中，撒上熟白芝麻即可。

煎焖大黄鱼

原材料 大黄鱼 1 条

盐、味精、鸡精、老抽、生抽、料酒、姜汁、姜、生粉、食用油各适量

|制|作|方|法|

◎将大黄鱼宰杀，去鳞、鳃、内脏，洗净，在鱼身上打上一字花刀，用盐、料酒、生抽腌渍片刻。
◎煎锅上火，注入食用油，烧至五成热，将大黄鱼抹上一层姜汁，放入锅中煎至两面金黄。
◎炒锅上火，注入少许食用油，下姜片爆香后，加入大黄鱼、清水焖煮至半熟，调入盐、味精、鸡精、老抽，煮至黄鱼入味，用少许生粉勾芡，略烧片刻，盛出装盘可可。

葱姜焗牛肚

原材料 牛肚 300 克

调味料 葱 50 克，姜 10 克，盐 5 克，蒜适量，胡椒粉少许

|制|作|方|法|

◎将牛肚洗净，切成长条，将蒜拍碎，与牛肚一起盛于碗内，以盐、胡椒粉腌制入味。
◎将腌制好的牛肚放入已预热的焗炉，以 90 度烤焗 1 小时，然后取出。
◎将葱洗净后切成葱末，姜切片，入锅稍炒后铲出，倒在焗好的牛肚上即可。

湘式脆皮虾

原材料 基围虾 500 克

调味料 盐 5 克，味精 3 克，料酒 5 毫升，姜末、蒜末、葱段各适量，干辣椒 50 克，食用油适量

|制|作|方|法|

◎将基围虾剪去须、沙线，洗净，沥干水分，放入热油锅中炸成红色，盛出。
◎锅留食用油，爆香姜末、蒜末、干辣椒，下基围虾炒香，烹入料酒、盐、味精炒至入味，撒上葱段，出锅装盘即可。

辣子虾

原材料 虾 300 克

调味料 花椒 20 克，干辣椒 300 克，白糖、料酒、姜、胡椒、油各适量

|制|作|方|法|

◎将虾的后背剪开，去净沙线，洗净，沥水；干辣椒洗净，切段。
◎锅中放油，将虾下入锅中炸干水分，捞起沥油。
◎锅中留少许底油，下入干辣椒、花椒炒香，再把虾下入锅中，放料酒、姜、胡椒、白糖，炒至入味即可。

竹香童子鸡

原材料 童子鸡 1 只，粽叶 2 大张

调味料 茴香 2 粒，陈皮 2 克，花椒 5 粒，黄酒 50 毫升，盐 20 克，味精 10 克，葱 4 根，姜 25 克，食用油 1000 毫升

|制|作|方|法|

◎将童子鸡宰杀治净，用盐、味精抹遍鸡身，腌渍 30 分钟左右；粽叶洗净，备用。
◎将葱、陈皮、姜洗净，切成粗丝；茴香、花椒洗净，切碎；将切好的葱、姜、陈皮、茴香、花椒一起拌匀，塞入鸡肚中，并取少许黄酒，抹遍鸡身，将剩下的黄酒灌入鸡肚内，装盘，盖上洗净后的粽叶，上蒸笼大火蒸 30 分钟，熄火，待冷却后取出，除去鸡肚中的香料。
◎锅中注入食用油，烧至三成热，下入蒸好的童子鸡，炸至鸡皮成金黄色后捞出，沥油；待炸鸡略冷却后，斩成块，摆盘即可。

大蒜焗虾

原材料 虾 500 克

调味料 黄油 30 克，蒜 20 克，葱适量，盐少许

|制|作|方|法|

◎将虾背上划开，去沙线、虾头和壳，洗净。
◎将蒜去皮，压碎后再剁成蒜末；葱洗净后切成葱末。
◎将黄油放入碗内，将拍碎的蒜撒在虾身上，一并放入碗内，再放入烤箱内焗 10 分钟，至熟，撒上盐、葱末即可。

虾条焗鱼片

原材料 虾条 50 克，鱼肉 200 克，红叶生菜 50 克，香菜少许

调味料 盐 5 克，味精 3 克，鸡粉 5 克，酱油 6 毫升，葱末、姜末、蒜末各 5 克，生粉、油适量

|制|作|方|法|

◎将鱼肉切片，用盐、味精腌制；红叶生菜洗净备用。

◎将虾条、鱼肉裹上生粉，放入油锅中炸至金黄，捞起沥油。

◎锅中留少许底油烧热，爆香姜末、蒜末，将鱼肉、虾条下入锅中，再用生粉水勾芡，稍焖片刻，即下鸡粉、酱油调味，出锅摆在垫有生菜的盘中，撒上葱末、香菜即可。

煎蚝饼

原材料 鲜蚝肉 300 克，豆粉 100 克，鸡蛋 3 个，青蒜末 15 克

调味料 熟猪油 100 毫升，盐、酱油、胡椒粉适量

|制|作|方|法|

◎豆粉加水拌成浆，放入盐、青蒜末，浇在鲜蚝肉上，拌匀。

◎平底锅上火，注入熟猪油，烧热，将蚝肉平摊在锅底上，打入鸡蛋，均匀摊于蚝肉上，等待蚝肉下层酥熟后翻转，添适量熟猪油，双面煎熟后，加酱油、胡椒粉即可上碟。

香茅焗海虾

原材料 大虾 500 克，香茅 30 克，青、红椒各适量

调味料 胡椒粉、盐、味精、料酒、黄油、葱头、蒜各适量

|制|作|方|法|

◎将黄油、葱头、青椒、红椒、蒜、香茅切粒，加入胡椒粉、盐、味精、料酒搅拌均匀。

◎大虾洗净，去掉沙线，从背部片成腹部相连的片，轻斩几刀以免受热变形。

◎将拌匀的配料平铺到虾肉上，放入烤箱 160 度烤 15 分钟即可。

糖醋福寿鱼

原材料 福寿鱼 500 克，青椒 1 个，红椒 1 个，洋葱少许

调味料 盐 8 克，番茄酱 5 匙，白醋 3 匙，甜酒酒、陈醋各 2 匙，姜 2 片，水淀粉 10 克，食用油适量

|制|作|方|法|

◎将福寿鱼宰杀，去鳞、鳃、内脏，洗净，鱼身两面都剞上花刀，抹上盐腌制片刻；将红椒、洋葱分别洗净，切丝；青椒洗净，切成丝和圈，备用。

◎净锅上火，注入食用油，烧热，将福寿鱼均匀地裹上水淀粉糊，放入油锅中，炸至鱼身呈金黄色时装盘。

◎锅中留少许底油，下姜片、洋葱、青椒、红椒爆香，加入番茄酱、白醋、甜料酒、陈醋、盐，熬煮成浓汁后勾芡，盛出浇在鱼身上即可。

豆酱焗全鸡

原材料 鸡 300 克，白肉 100 克，香菜 25 克，红椒丝 5 克

调味料 高汤 50 毫升，味精、砂糖各 5 克，姜、葱各 10 克，豆酱 50 克，绍酒 10 毫升

|制|作|方|法|

◎将鸡洗净，切去鸡爪；白肉片薄片；豆酱滗出汁后，将豆酱渣压烂，再放入豆酱汁中，加入味精、砂糖、绍酒和豆酱搅匀，涂匀鸡身内外，约腌 15 分钟，把姜、葱、香菜盖于鸡腹下。

◎将砂锅洗净擦干，用薄竹篾片垫底，把白肉片铺上，鸡放在白肉上面，将高汤从锅边淋入，加盖，用湿草纸密封锅盖四边，置炉上用大火烧沸后，改用小火焗约 20 分钟至熟取出。

◎将鸡拆骨摆盘，淋上原汁，配上红椒丝伴盘即成。

图书在版编目（CIP）数据

好吃不贵的家常菜 / 健康美食编辑组编著. -- 成都
:四川科学技术出版社, 2013.10

ISBN 978-7-5364-7725-4

Ⅰ.①好… Ⅱ.①健… Ⅲ.①家常菜肴－菜谱 Ⅳ.
①TS972.12

中国版本图书馆CIP数据核字(2013)第206310号

好吃不贵的家常菜

出 品 人	钱丹凝
编 著 者	健康美食编辑组
责 任 编 辑	杨晓黎
封 面 设 计	◎中映良品（0755）26740502
责 任 出 版	周红君
出 版 发 行	四川出版集团·四川科学技术出版社 地址：四川省成都市三洞桥路12号　邮政编码：610031 网址：www.sckjs.com　传真：028-87734039
成 品 尺 寸	230mm×170mm
印 张	8
字 数	360
印 刷	深圳市华信图文印务有限公司
版次/印次	2013年10月第1版　2013年10月第1次印刷
定 价	25.00元

ISBN 978-7-5364-7725-4